钩织
童话主题
小毛衣

日本美创出版◇编著　何凝一◇译

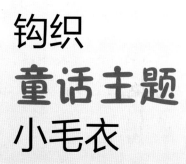

煤炭工业出版社
·北 京·

目 录

魔女与魔法师的斗篷…P24~25

天使和恶魔的发圈与背心…P26~27

兔子和小熊的背心…P28~29

关于本书作品的尺寸

本书中的作品均是按照下面的尺寸表制作而成（并不是说按照此尺寸钩织作品，而是参照此表中的身高、头围钩织适合的尺寸）。根据不同的设计（材质、织片等），松紧度会有所差异，可按个人喜好选择松一点或紧一点的设计。

儿童的参考尺寸表

	1岁	2岁	3岁	4岁
身高	75~85cm	85~95cm	95~105cm	
头围	46~48cm		49~51cm	

模特尺寸

Zabir Lambert
身高…95cm
头围…49.5cm

Leilani Trapanese
身高…95cm
头围…46cm

Sofia Greenstein
身高…99cm
头围…49cm

Tim De winter
身高…105cm
头围…51cm

✳ 卷针订缝

针脚与针脚的订缝方法

◆ 此处以作品 **5** 为例进行解说。

行间与行间的订缝方法

◆ 此处以作品 **24** 的犄角为例进行解说。

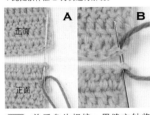

① 前后身片相接，用缝衣针将横向的2根线交替挑起（**A**）。仅两端的针脚来回穿2次（**B**）。

② 从下一针开始逐针挑起缝合，注意缝纫线不要缠在一起。

③ 为了让缝纫线的走向更清晰，此处针脚缝得比较松。实际操作时拉紧线缝合，注意线不要缠在一起。

① 将织片顶端同一行的2根线逐行挑起。两端的针脚来回穿2次。

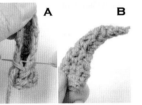

✳ x°°°x°°°x 锁针接缝

◆ 此处以作品 **4** 为例进行解说

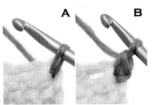

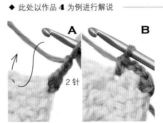

② 为了让缝纫线的走向更清晰，此处针脚缝得比较松。实际操作时拉紧线缝合，注意线不要缠在一起。完成后如图 **B** 所示。

① 前后身片的侧边正面相对合拢对齐，钩针插入顶端的针脚中，针尖挂线后引拔抽出（**A**）。接着织入1针立起的锁针，再织入1针短针（**B**）。

② 织入2针锁针后按照箭头所示，织入1针短针。

③ 重复步骤 **2**，缝合。

✳ 配色线的替换方法

无需剪断编织线的替换方法

◆ 此处以作品 **4** 为例进行解说。

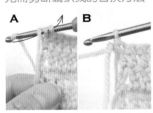

① 用原线（淡蓝色）钩织最后的未完成的长针（参照P61）时，将接下来要钩织的配色线（黄绿色）挂在钩针上引拔钩织（**A**），完成换线（**B**）。

② 用配色线钩织3针立起的锁针，再继续钩织。此时，暂时停止用原线钩织。

③ 用配色线钩织2行，最后的针脚按照步骤 **1** 的方法，将之前暂时停下的原线拉起，挂到针尖上（**A**），引拔抽出后换线（**B**）。

④ 用配色线钩织至织片的顶端，然后拉起编织线，完成。钩织时注意渡线不要缠在一起。

✳ 兜帽的挑针方法

◆ 此处以作品 **5** 为例进行解说。

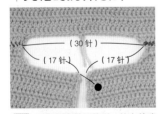

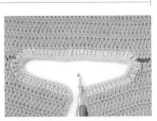

① 肩部用卷针订缝后，从右前端（●）用长针挑指定的针数，然后继续钩织。

② 从行间挑针钩织兜帽部分时，注意整体的平衡（**A**）。挑针完成后如图（**B**）。

③ 继续在后身片、左前身片挑针。

④ 从前后领口挑1周（64针），钩织完第1行后如图所示。

1,2 成品照片：P8~9 钩织方法：P32

✳ 钩织三角装饰方法 ◆ 以中号为例进行解说。

 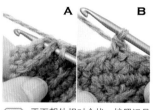  

（正面）　（正面）　　　　　　　　　　　A　　　B

① 钩织至第3行后将2块花片重叠，然后钩织最后一行，制作成1块花片。

② 正面朝外相对合拢，按照记号图的第4行，两块一起用短针进行钩织。

③ 边角处（3个位置）织入锁针（2针）进行加针，同时继续钩织。

④ 中号的装饰钩织完成。小号、大号的均用同样的方法钩织。

6,7 成品照片：P12~13 钩织方法：P40

✳ 短针的反拉针

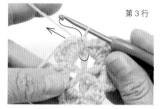 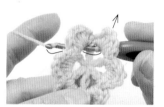 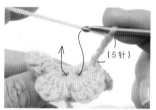 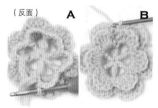

第3行　　　　　　　　　　　　　　　　　（5针）　　　（反面）A　　　B

① 参照图，织入立起的锁针，按照箭头所示，将第1行长针的尾针挑起。

② 针上挂线后按照箭头所示引拔抽出，再织入短针的反拉针。

③ 接着重复织入"5针锁针、短针的反拉针"。

④ 第3行钩织完成后如图所示（A）。钩织完第4行后如B所示。

✳ 钩织叶子的方法

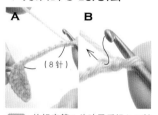 

A　　　B

（8针）

① 钩织完第1片叶子后织入8针锁针（A），将里山挑起，按照指定的记号继续钩织（B）。第3片也按同样的方法钩织。

② 叶子钩织完成后如图。

8,9 成品照片：P14~15 钩织方法：P42

✳ 部件的拼接方法

 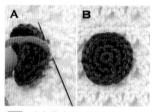

A　　　B

① 在部件的反面接线，将部件编织顶端稍微靠内侧的针脚处挑起，缝到主体上。

② 注意整体平衡，缝合（A）。缝好后如B所示。因为是将部件反面的编织线挑起，所以从正面看不到缝纫线。

12,14 成品照片：P18 钩织方法：P46

✳ 王冠装饰的钩织方法与拼接方法

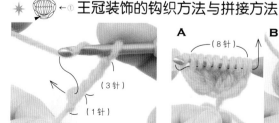 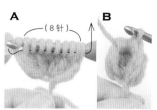 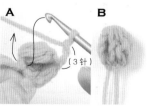 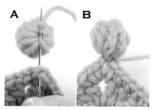

（3针）　　　A　　　B　　　A　　　B　　　A　　　B
（1针）　　　（8针）　　　　　　　　　（3针）

① 钩织锁针（4针），在第1针的锁针里山处织入8针未完成的长针。

② 钩织完8针未完成的长针后针上挂线（A），一次性引拔抽出。

③ 接着织入锁针（3针），在步骤①同一针脚的里山处进行引拔钩织。

④ 用王冠顶部钩织终点处的编织线缝合，完成（A）。拼接完成后如B所示。

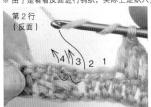  

为了便于说明，奇数行和偶数行换用不同颜色的线钩织。此作品采用往复钩织的方法，奇数行按照记号图钩织，偶数行正拉针的位置织入反拉针。

✳ → 变化的长长针正拉针2针与长针2针的右上交叉

※ 由于是看着反面进行钩织，实际上是织入 （变化的长长针反拉针2针与长针2针的右上交叉）。

第2行（反面）

① 编织线在针上挂两次，如箭头所示，将上一行跳过2针的长长针尾针处按照3、4的顺序挑起，织入2针长长针的反拉针。

② 接着在针上挂线，将上一行的针脚按照1、2的顺序织入2针长针。

③ 织入变化的长长针反拉针2针和长针2针的右上交叉后如图（**A**）。从正面看如 **B** 所示。

✳ → 变化的长长针正拉针2针与长针2针的左上交叉

※ 由于是看着反面钩织，实际是织入 （变化的长长针反拉针2针与长针2针的左上交叉）。

  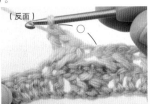 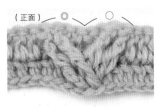

第2行（反面）

① 针上挂线，如箭头所示，将上一行跳过2针的针脚按照3、4的顺序挑起，织入2针长针。

② 接着在针上挂两次线，如箭头所示，按照1、2的顺序将上一行的长长针尾针处挑起，织入2针长长针的反拉针。

③ 织入变化的长长针反拉针2针和长针2针的左上交叉后如图所示。

④ 从正面看如图。

✳ ← 变化的长长针正拉针2针与长针2针的左上交叉

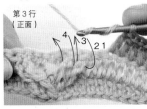  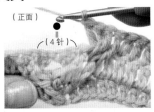

第3行（正面）

① 在针上挂两次线，如箭头所示，将上一行跳过2针的长长针尾针处按照3、4的顺序挑起，织入2针长长针的正拉针。

② 接着在针上挂线，按照箭头所示，将上一行的针脚挑起，按照1、2的顺序织入长针。

③ 织入变化的长长针正拉针2针和长针2针的左上交叉后如图。

✳ ← 变化的长长针正拉针2针与长针2针的右上交叉

① 针上挂线，上一行跳过2针，如箭头所示按照3、4的顺序挑起，织入2针长针。

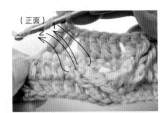 

② 接着在针上挂2次线，如箭头所示，按照1、2的顺序将上一行长长针的尾针处挑起，织入2针长长针的正拉针。

③ 织入变化的长长针正拉针2针和长针2针的右上交叉后如图所示。

✳ → 变化的长长针正拉针2针的右上交叉

※ 由于是看着反面钩织，实际织入的 （变化的长长针反拉针2针的左上交叉）。

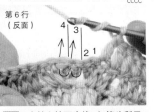 

第6行（反面）

① 在针上挂两次线，如箭头所示，将上一行跳过2针的长长针尾针处按照3、4的顺序挑起，织入2针长长针的反拉针。

② 接着在针上挂两次线，如箭头所示，将上一行长长针的尾针处按照1、2的顺序挑起，织入2针长长针的反拉针。

✻ ✸ ← **变化的长长针正拉针2针的右上交叉**

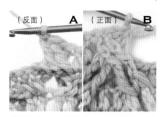

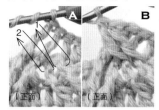

③ 织入2针变化的长长针反拉针右上交叉后如图（**A**）。从正面看如图 **B**。

① 在针上挂2次线，如箭头所示，将上一行跳过2针的长长针尾针处按照3、4的顺序挑起，织入2针长长针的正拉针。

② 接着再在针上挂2次线，如箭头所示，将上一行长长针的尾针处按照1、2的顺序挑起，织入2针长长针的正拉针（**A**）。钩织完2针变化的长长针正拉针右上交叉后如图 **B**。

③ 织完2个钻石花样后如图所示。

---

19 成品照片：P23　钩织方法：P52

✻ **绒球的制作方法**

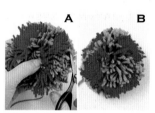

① 编织线在厚纸上缠指定的圈数。缠的时候，将红色和绿色分别缠几圈。

② 取出厚纸，中央打结拉紧。

③ 剪断两端的线圈。

④ 整体修剪成圆形（**A**）。完成后如图 **B**。红色与绿色交叉缠几次，形成斑块。

---

24 成品照片：P27　钩织方法：P56

✻ **兜帽的钩织方法与拼接方法**

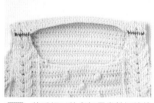

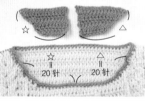

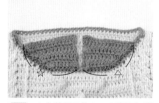

① 前后领口的肩部用卷针订缝的方法缝合。

② 前后领口织入1针短针进行挑针，准备好2块兜帽拼接部分。

③ 左右前领口的☆、△印记与兜帽拼接部分的☆、△印记对齐，用卷针缝合。

④ 从领口、兜帽处挑针，钩织兜帽的第1行。

✻ **兜帽花边的钩织方法**

⑤ 参照图，钩织兜帽的第1~3行，在指定的位置加针，同时继续钩织。第18~23行在后面中心减针，钩织成弧形。

① 从前面领口的中央开始，在脸部周围织入1行短针。

② 第2行重复织入"2针短针、3针锁针"。

③ 在第2行的1个线圈中用仿皮草线逐一织入1针短针。（此处为了便于说明，用普通的纱线代替仿皮草线进行解说。）

恐龙背心

钩织方法：P32
重点课程：P5
设计 & 制作：藤田智子

带有三角装饰物的兜帽让人印象深
刻，非常受小朋友喜爱的恐龙背心。
戴上兜帽，寒冷的日子外出也依然充
满暖意。

摘下兜帽专心致志地玩积木……
直立的尾巴十分可爱。作品 **2** 的
粉色系配色适合女孩子穿着。

正面

背面

1 **2**

3

4

蜜蜂和瓢虫的长背心

钩织方法：P36
设计 & 制作：今村曜子

蜜蜂长背心用黄色和黑色的条纹钩织，让人
眼前一亮。瓢虫长背心则是将圆形的花样缝
到红色与黑色的衣身上。胸前至下摆处采用
A 字型的设计，穿起来的蓬松轮廓感更显可
爱！

蜜蜂的帽子、瓢虫的兜帽都带有触角，会随孩子欢快的蹦跳上下舞动，显得非常可爱。还可以按自己的喜好，在袖口钩织拼接荷叶边装饰。

5

正面

背面

精灵背心

钩织方法：P40　重点课程：P5
设计＆制作：今村曜子

布满花朵花片的精灵背心，采
用套头的设计，穿脱方便！袖
子的荷叶边给人轻柔的印象。
与市售的纱裙搭配，立刻变身
乖巧的小精灵。

背上带有翅膀，从背面看也非常可爱！汇集女孩子喜欢的元素于一身的单品。

正面

背面

6

7

南瓜和妖怪的长背心

钩织方法：P42　重点课程：P5
设计：kawaji Yumiko　制作：山本智美

万圣节时绝对少不了南瓜和妖怪的长背
心。面对如此可人的南瓜和妖怪，好想多
给他们一些糖果……

8

南瓜背心的下摆呈内扣的圆形，妖怪背心的下摆则向外散开，二者只是最终行的钩织方法不同，都十分简单！

9

小红帽的斗篷

钩织方法：P44
设计 & 制作：藤田智子

牵着手去外婆家的小红帽。只要稍加改变蝴蝶结、脸部周围和前端花边的设计，就能轻松穿出时尚感。颜色百搭，不但平时可以穿着，特别的日子或外出时也是不错的选择。

下摆的贝壳花样从后面看也非常可爱。
变换编织线的粗细、钩针的号数，钩织
出适合1~2岁、3~4岁女孩穿着的尺寸。

正面

背面

12

13

14

15

国王的长背心和王冠

钩织方法：P46　重点课程：作品 **12**、**14** P5，作品 **13**、**15** P31
设计 & 制作：kawaji Yumiko

国王的长背心可以在生日等特别的日子穿着，衣身的配色
和时尚的口袋是设计的重点，换色后让人忍不住想多钩织
几件。王冠用腈纶线钩织，形状不易坍塌，精致又漂亮。

从钥匙孔里看到了什么？换用编织线和钩针的号数，钩织出不同的尺寸，让兄弟、姐妹们一起穿着吧！

正面

背面

16

17

王子的帽子和披风

钩织方法：P50　重点课程：作品 **17** P6
设计：河合真弓　制作：远藤阳子

用具有高级感的仿皮草线钩织而成的
披风，非常适合冬日外出时穿着。纽
扣的设计极具特色，突显王子气质。
戴上同款帽子，就能抵御严寒啦！

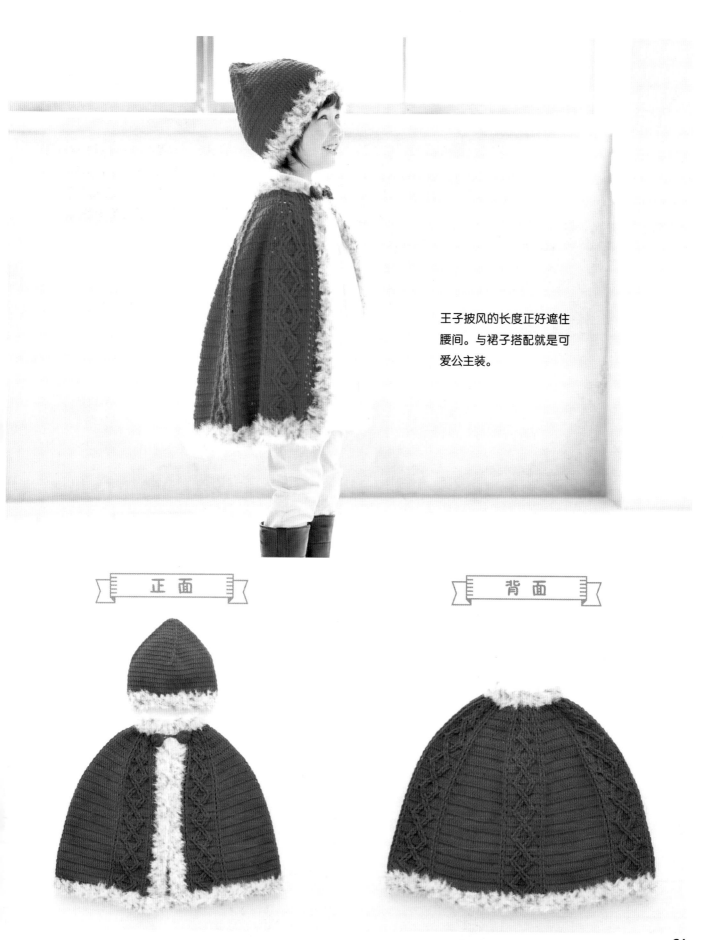

王子披风的长度正好遮住腰间。与裙子搭配就是可爱公主装。

正面

背面

圣诞老人和雪人的斗篷

钩织方法：P52　重点课程：P6~7
设计：河合真弓　制作：远藤阳子

编织图与王子的披风相同，长度稍短一些即可
变身成可爱的圣诞老人和雪人！兜帽的花边用
仿皮草线钩织，暖意十足。最后别忘了在圣诞
老人的兜帽上缝一个大大的绒球。

18

19

用红色和绿色的圆球制作纽扣，缝到雪人的斗篷上，让人印象深刻。用双色线制作而成的绒球，只要在缠法上稍微下一点工夫，即可呈现出斑纹花样。

正面

背面

20

魔女与魔法师的斗篷

钩织方法：P54
设计＆制作：镰田美惠子

编织方法图与小红帽的斗篷相同，将兜帽换成拼接领，就变成了魔女与魔法师的斗篷！又调皮又可爱的小魔女，任谁见了都会赞不绝口。漂亮的配色适合多种场合穿着，实用百搭。

衣领和纽扣的配色鲜明，给人留下沉
稳的印象。利用圆球制作而成的纽扣，
为整体设计增添了几分活泼感。

正面

背面

天使和恶魔的发圈与背心

钩织方法：作品 **22** P35，作品 **23**、**24** P56
重点课程：作品 **24** P7
设计 & 制作：Matsumoto Kaoru

两款背心衣身上的花样既精致又漂亮。天使背心的领口和下摆处、恶魔背心兜帽的脸部周围和下摆处均用仿皮草线钩织，充满轻柔感。即便在寒冷的日子穿着也暖意十足。天使背心还搭配了用同款线钩织的发圈。

22

23

背后还有可爱的翅膀，
令人眼前一亮。

24

恶魔背心的兜帽上带有尖尖的犄角，背后还有锯齿状的翅膀和箭头形的尾巴，可爱满分。这样机灵的小恶魔站在眼前，多少可以让他任性一下吧？

正面

背面

25

兔子和小熊的背心

钩织方法：P58　重点课程：P31
设计＆制作：藤田智子

用柔软的编织线钩织而成的兔子和小
熊背心，钩织方法简单，非常适合当
作送人的礼物！钩织成球形的大纽扣，
符合小朋友的天性。

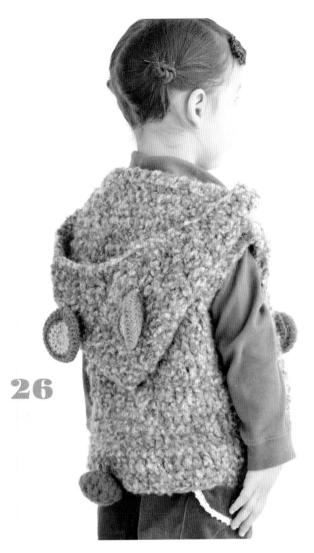

26

背面的圆尾巴，让背影看起来
更加可爱。颜色百搭，男孩、
女孩都适合。

正面

背面

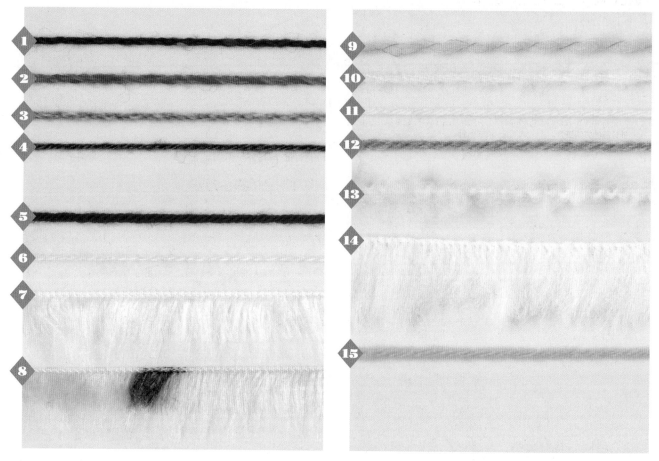

奥林巴斯

❶ Tree House Berries
羊毛 60%、腈纶 27%、羊驼毛（Fine Alpaca）10%、人造纤维 3%、每卷 40g，约 90m，11 色，钩针 6/0~7/0 号

❷ Tree House Leaves
羊毛（美利奴羊毛）80%、羊驼毛（Baby Alpaca）20%、每卷 40g，约 72m，13 色，钩针 7/0~8/0 号

❸ Tree House Forest
羊毛（美利奴羊毛）70%、羊驼毛（Fine Alpaca）30%、每卷 40g，约 90m，12 色，钩针 6/0~7/0 号

❹ Milky Kids
羊毛 60%、腈纶 40%、每卷 40g，约 98m，16 色，钩针 5/0~6/0 号

HAMANAKA

❺ Amerry
羊毛 70%（新西兰美利奴）、腈纶 30%、每卷 40g，约 110m，36 色，钩针 5/0~6/0 号

❻ HAMANAKA 马海毛
腈纶 65%、马海毛 35%、每卷 25g，约 100m，29 色，钩针 4/0 号

❼ Lupo
人造纤维 65%、涤纶 35%、每卷 40g，约 38m，12 色，钩针 10/0 号

❽ Lupo〈Animale〉
人造纤维 65%、涤纶 35%、每卷 40g，约 38m，5 色，钩针 10/0 号

DARUMA

❾ 接近真毛的 Merino Wool
羊毛 100%（美利奴），每卷 30g，约 91m，20 色，钩针 7/0~7.5/0 号

❿ 手捻风 Tam 编织线
腈纶 54%、尼龙 31%、羊毛 15%，每卷 30g，约 58m，15 色，钩针 8/0~9/0 号

⓫ 轻柔 Ram
腈纶 60%、羊毛 40%（Ram Wool），每卷 30g，约 103m，31 色，钩针 5/0~6/0 号

⓬ Merino 普通粗线
羊毛 100%（美利奴），每卷 40g，约 88m，18 色，钩针 6/0~7/0 号

⓭ Big Ball Mist
腈纶 47%、羊驼毛 40%（Baby Apalca），每卷 50g，约 63m，9 色，钩针 8/0~10mm

⓮ Mink Touch Fur
白：改性腈纶 60%、腈纶 35%、涤纶 5%、黑色、茶色：改性腈纶 95%、涤纶 5%，约 15m，3 色，钩针 8/0~10mm

⓯ Café Kitchen
腈纶 100%（配合添加的金银线），每卷 25g，约 48m，23 色，钩针 7/0~8/0 号

※ 1~15 左起均为材质→规格→线长→颜色数→适合针号。
※ 由于印刷的原因，多少存在色差。

13,15 成品照片：P18　钩织方法：P46

✳ 领口、背部开口处的处理方法

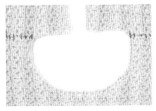

1 前后身片正面相接，肩部用卷针订缝的方法缝合。

2 从前后领口开始挑针，钩织短针。

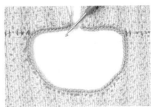

3 第 1 行钩织完成后如图所示。

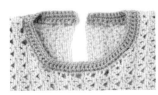

4 钩织完 3 行后如图所示。

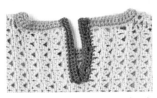

5 背部开口的贴边部分分成左右两边，各钩织 3 行，右侧的 3 个位置需要留出纽扣眼。

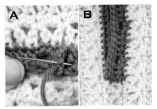

6 贴边部分重叠到右上方，用卷针缝合的方法缝到后身片上（**A**）。缝好后如 **B** 所示。

25　成品照片：P28　钩织方法：P58

✳ 兔子耳朵的拼接方法

1 参照图，a、b 各钩织 2 块。

2 将 a 对折，●印记的位置相接，用卷缝的方法处理。

3 部件 b 也按同样的方法卷缝。

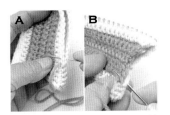

4 a 与 b 正面朝外重叠，用卷针将 2 块织片缝合。

5 底部也用卷缝的方法缝合。缝合后如图所示。

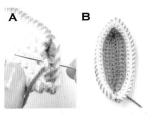

6 继续缝合步骤 **5** 的 ☆ 部分（**A**）。耳朵缝好后如 **B** 所示。同样的织片再制作 1 块。

26　成品照片：P29　钩织方法：P58

✳ 小熊耳朵的拼接方法

1 参照记号图，自然钩织成图示形状。

2 开口处用卷缝的方法缝合。

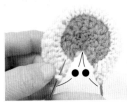

3 步骤 **2** 用卷针将●与●处缝合。

4 耳朵完成。同样的织片再钩织 1 块。

1,2 恐龙背心

成品照片：P8~9 重点课程：P5

✿ 准备材料
【编织线】HAMANAKA
1 Amerry / 绿色…136g，芥末黄、橙色…各36g
2 Amerry / 草绿色…136g，驼色、灰紫红色…各36g
【针】钩针 5/0 号
【其他】1、2 直径 1.8cm 的纽扣（绿色）…各 5 颗，缝纫线（绿色）、填充棉…
各适量

✿ 标准织片
花样钩织 19 针、10 行

✿ 成品尺寸
胸围61.5cm、衣长31.5cm、肩背宽23cm

✿ 钩织方法

1. 用配色条纹钩织前后身片
钩织 113 针锁针起针，第 1 行织入锁针，从第 2 行开始用花样钩织的方法织入
15 行，共计无加减钩织 16 行。从第 17 行开始分成后身片、左右前身片 3 部分，
在袖口减针的同时钩织至肩部。肩部用卷针订缝的方法缝合。

2. 钩织兜帽
从前后领口挑针，在指定的位置进行加减针，同时用花样钩织的方法织入 24 行。
终点处对折，用卷针订缝的方法缝合。

3. 钩织花边
在衣身的下摆、前段、兜帽的脸部周围、袖口处织入 3 行短针进行调整。

4. 钩织尾巴、三角装饰
钩织指定块数的大号、中号、小号三角装饰（参照 P5）。然后钩织尾巴，塞
入填充棉，缝到后身片的指定位置。

5. 完成
三角装饰用卷针缝合的方法缝到尾巴、兜帽上，注意整体平衡。最后在前襟缝上
纽扣。

1,2 配色表

	1	2
———	芥末黄	驼色
▨	橙色	灰紫红色
·	绿色	草绿色

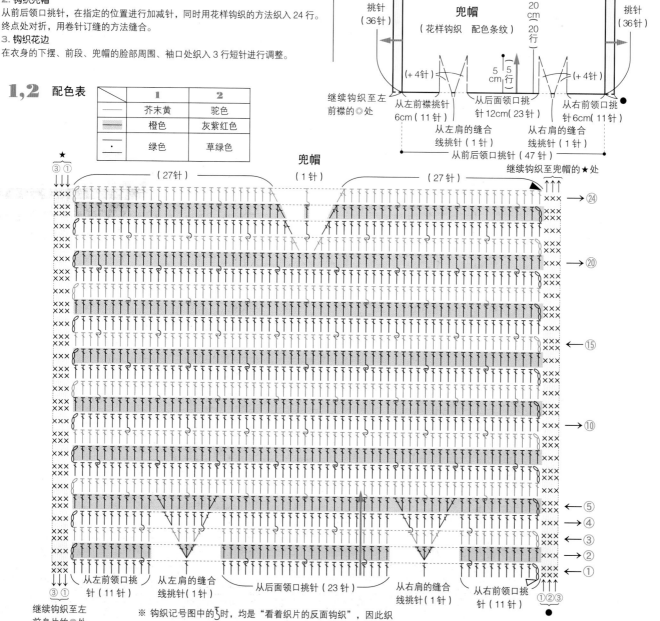

※ 钩织记号图中的 ⌇ 时，均是"看着织片的反面钩织"，因此织
入长长针的反拉针（参照 P63，从正面看则是"长针的正拉针"）。

1,2 前后身片

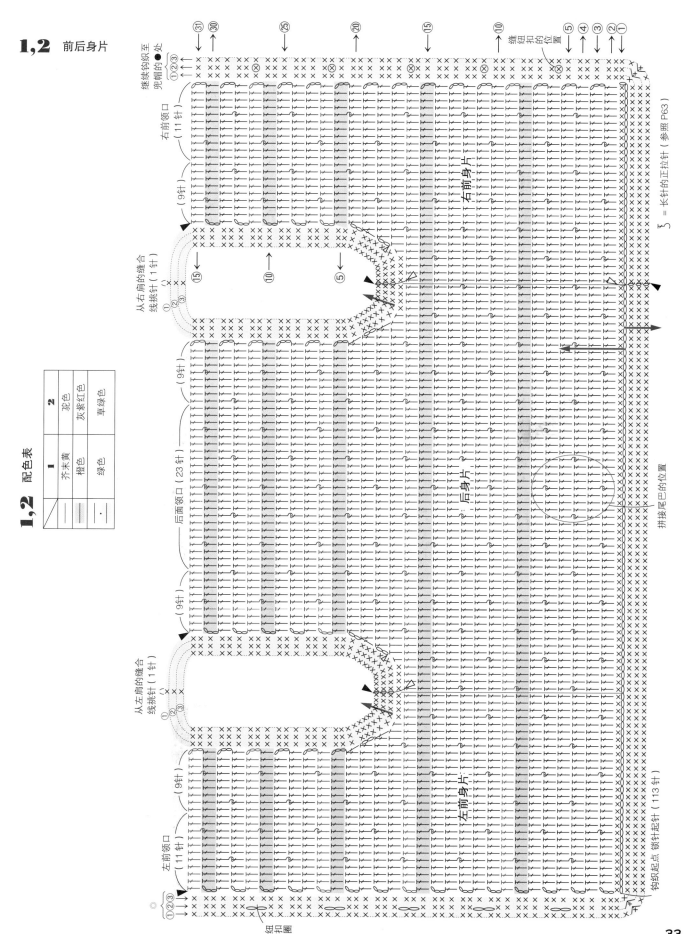

配色表

	1	2
—	芥末黄	驼色
▨	橙色	灰紫红色
·	绿色	草绿色

1,2 共通

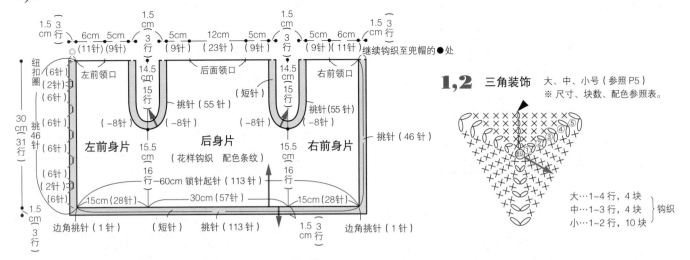

1.5 cm 3 行
6cm (11针)
5cm (9针)
1.5 cm 3 行
5cm (9针)
12cm (23针)
5cm (9针)
1.5 cm 3 行
5cm (9针)
6cm (11针)
1.5 cm 3 行
继续钩织至兜帽的●处
纽扣圈
(6针)
(2针)
(6针)
(6针)
(6针)
(6针)
(2针)
(6针)
30 cm 31 行
挑 46 针
1.5 cm 3 行
左前领口
后面领口
右前领口
14.5 cm 15 行
(短针)
挑针 (55 针)
挑针 (55 针)
(−8针)
(−8针)
(−8针)
(−8针)
左前身片
后身片
(花样钩织 配色条纹)
右前身片
15.5 cm 16 行
挑针 (46 针)
−60cm 锁针起针 (113 针)
15cm (28针)
30cm (57针)
15cm (28针)
边角挑针 (1 针)
(短针)
挑针 (113 针)
边角挑针 (1 针)

1,2 三角装饰

大、中、小号（参照 P5）
※ 尺寸、块数、配色参照表。

圆环
大…1~4 行，4 块
中…1~3 行，4 块
小…1~2 行，10 块
钩织

1,2

三角装饰的尺寸、块数、配色表

作品序号		尺寸	块数	配色
1	兜帽用	大	4块	绿色
		中	4块	
		小	4块	
	尾巴用	小	6块	
2	兜帽用	大	4块	草绿色
		中	4块	
		小	4块	
	尾巴用	小	6块	

拼接方法

参照 P5

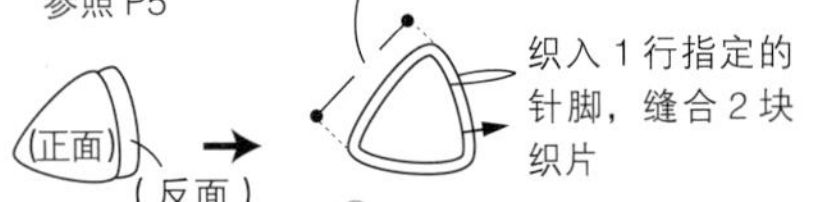

大 = 6cm
中 = 5cm
小 = 4cm
(正面)
(反面)
织入 1 行指定的针脚，缝合 2 块织片

① 将 2 块三角装饰的正面朝外相对重叠。

② 大号为图中的第 5 行
中号为图中的第 4 行
小号为图中的第 3 行
钩织完。

1,2 尾巴

1 绿色
2 草绿色

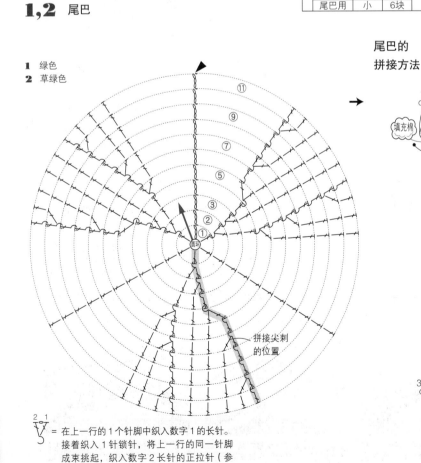

圆环
拼接尖刺的位置

2 1

= 在上一行的 1 个针脚中织入数字 1 的长针。接着织入 1 针锁针，将上一行的同一针脚成束挑起，织入数字 2 长针的正拉针（参照 P63）

尾巴的拼接方法

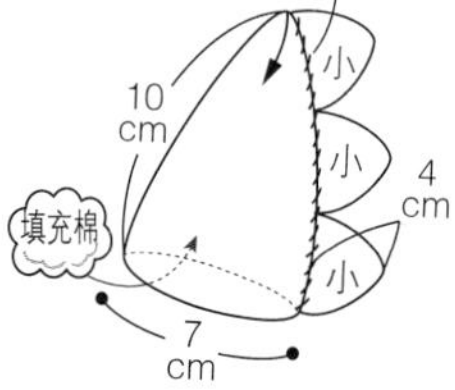

用卷针的方法缝合三角装饰
10 cm
小
小
小
4 cm
填充棉
7 cm

拼接三角装饰、尾巴的位置

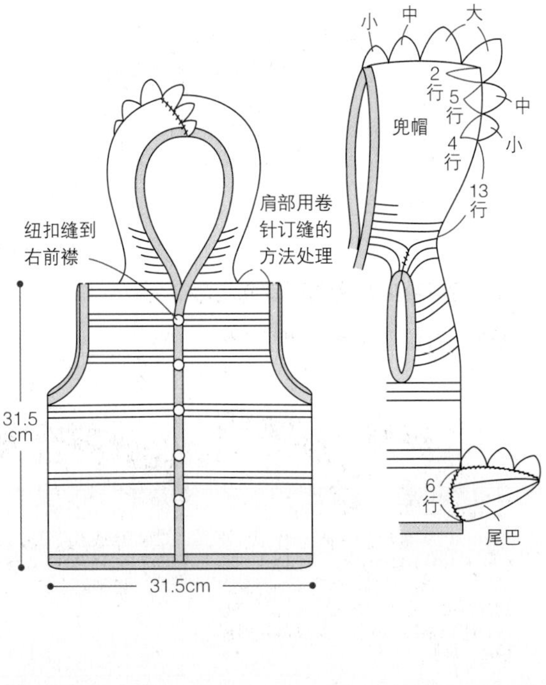

纽扣缝到右前襟
肩部用卷针订缝的方法处理
31.5 cm
31.5cm
小
中
大
2 行
5 行
中
兜帽
4 行
小
13 行
6 行
尾巴

上接 P56~57

23,24
前身片

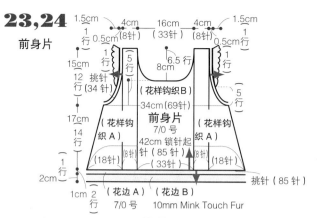

1.5cm 4cm 16cm 4cm 1.5cm
1行 0.5cm(8针) (33针) (8针) 0.5cm 1行
15cm (5行) 6.5cm 1行
12行 挑针(34针) 8cm (5行)
（花样钩织B）
34cm(69针)
17cm （花样钩 前身片 （花样钩
14行 织A） 7/0号 织A）
42cm 锁针起针（85针）
1行 (18针)(8针) (33针) (8针)(18针) 挑针（85针）
2cm
1cm 2行 （花边A） （花边B）
7/0号 10mm Mink Touch Fur

23 翅膀　手捻风 Tam 线　8/0 号

钩织方法顺序
1. 钩织 2 块织片，均为①~③行。
2. 2 块织片相接，第③行用卷针缝合的方法处理。
3. 在指定的位置接线，继续钩织第④行。

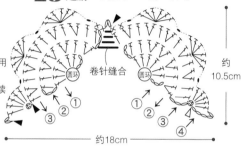

约10.5cm
约18cm
卷针缝合　圆环　圆环

22 天使的发圈　成品照片：P26~27

✳ 准备材料
【编织线】DARUMA
Merino 普通粗线 / 白色…3g；Mink Touch Fur / 白色…4.5m
【针】钩针 7/0 针（Merino 普通粗线）、10mm（Mink Touch Fur）
【其他】22 直径 5cm 的圆形皮筋（白色）…1个

✳ 成品尺寸
直径 20cm

✳ 钩织方法
钩织 60 针短针包住圆形皮筋，织入 2 行。接着换成 Mink Touch Fur，按照图示方法钩织。

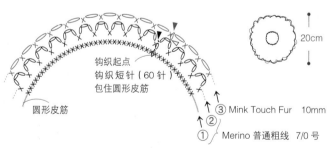

钩织起点
钩织短针（60 针）
包住圆形皮筋
圆形皮筋
③ Mink Touch Fur　10mm
②
① Merino 普通粗线　7/0 号
20cm

←③
←①
钩织起点　锁针起针（25 针）

24 尾巴尖　Café Kitchen　7/0 号

将尾巴插入尾尖里，缝合

←⑥
←⑤
←④
←②
←①

卷针缝合
对折　尾巴对折
约19cm

24 翅膀　Café Kitchen　7/0 号

▽ = 在上一行的 1 个针脚中织入"短针 1 针、锁针 1 针、短针 1 针"

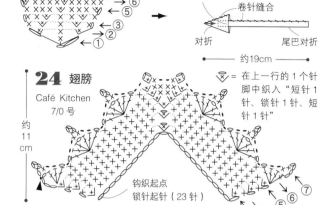

约11cm
钩织起点
锁针起针（23 针）
① ② ③ ④ ⑤ ⑥ ⑦
约22cm

拼接方法

24

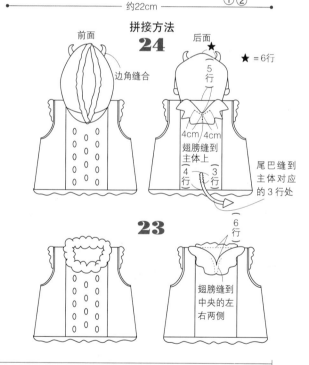

前面　后面
边角缝合
★ = 6行
5行
4cm 4cm
翅膀缝到主体上 (4行) (3行)
尾巴缝到主体对应的 3 行处
6行

23

翅膀缝到中央的左右两侧

✳ 钩织针脚包住圆形皮筋的方法

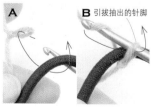
A　B 引拔抽出的针脚

1 按照最初起针的方法（参照P60）钩织起针，接着从钩针上滑脱针脚。然后从圆形皮筋的内侧插入钩针，挂上之前滑脱的针脚，引拔抽出（A）。挂线后再引拔抽出（B）。

2 接着将编织线挂到钩针上，按照箭头所示引拔抽出，包住皮筋和线头。

A　B

3 挂线后进行引拔钩织（A）。织入 1 针短针后如 B 所示。

5针

4 重复步骤 2、3，织入指定的针数。钩织完 5 针后如图所示。

3，4，5 蜜蜂和瓢虫的长背心 成品照片：P10~11

✳ 准备材料
【编织线】HAMANAKA
3 Amerry / 黑色…38g、柠檬黄…4g
4 Amerry / 黑色…135g、柠檬黄…15g；HAMANAKA 马海毛 / 黑色…4g
5 Amerry / 深红色……175g、黑色…90g
【针】钩针 6/0 号
【其他】**3**、**5** 填充棉…适量
　　　4、**5** 直径 1.5cm 的纽扣（深灰色）…5 颗，缝纫线（灰色）…适量

✳ 标准织片
长针 20 针、11 行

✳ 成品尺寸
3 头围 50cm、深 15cm　**4**、**5** 胸围 60cm、衣长 42.8cm、肩背宽 26.5cm
4 袖长 3.5cm

✳ 3 的钩织方法（参照 P39）
1. 线头绕成圆环，织入 13 针长针，从第 2 行开始在指定的位置进行加针，同时钩织至第 16 行，帽口织入 1 行短针进行调整。
2. 钩织触角时，先将线头绕成圆环，然后织入 6 针短针，从第 2 行开始按照图示方法进行加减针，同时钩织至第 10 行。钩织完 10 行后塞入填充棉，换线后再钩织 6 行。
3. 触角缝到指定的位置，完成。

✳ 4、5 的钩织方法
1. 钩织前后身片　用长针的配色条纹（**5** 为深红色单色）钩织至前后身片的第 30 行，袖口按照图示方法用黑色单色钩织。
2. 缝合肩部、侧边　肩部与前后身片相接，用卷针订缝的方法缝合（参照 P4）。侧边用 2 针锁针、1 针短针的锁针接缝（参照 P4）的方法缝合。
3. 钩织花边　在下摆、袖口、前端织入花边。左前端留出纽扣圈。**5** 钩织完兜帽后再钩织前端的花边。
4. 完成　参照 **3** 钩织 **5** 的触角（参照 P39），再按照图示方法钩织花片，缝到指定的位置。纽扣缝到前襟。

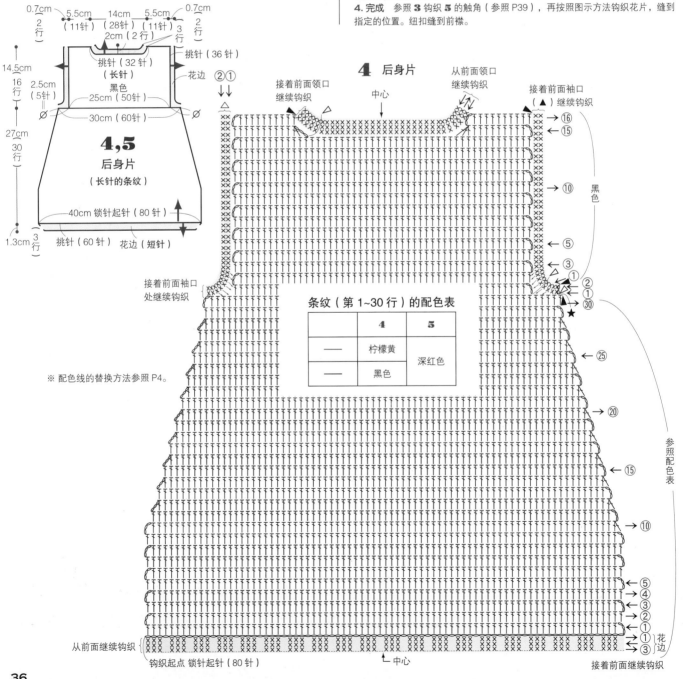

※ 配色线的替换方法参照 P4。

条纹（第 1~30 行）的配色表

	4	5
—	柠檬黄	深红色
—	黑色	

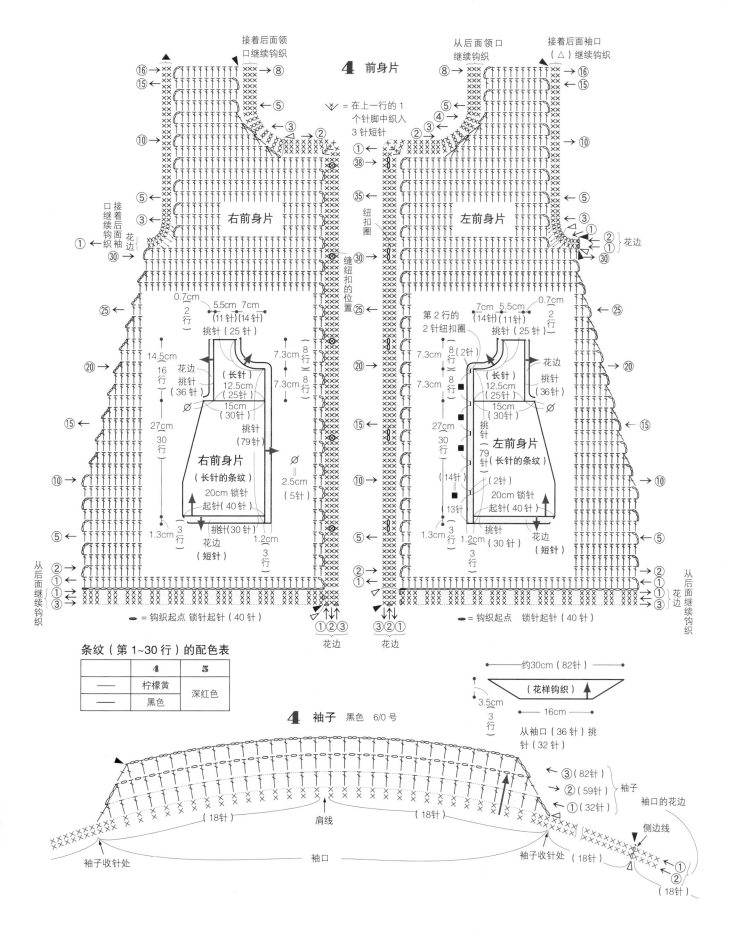

条纹（第1~30行）的配色表

	4	5
——	柠檬黄	深红色
——	黑色	

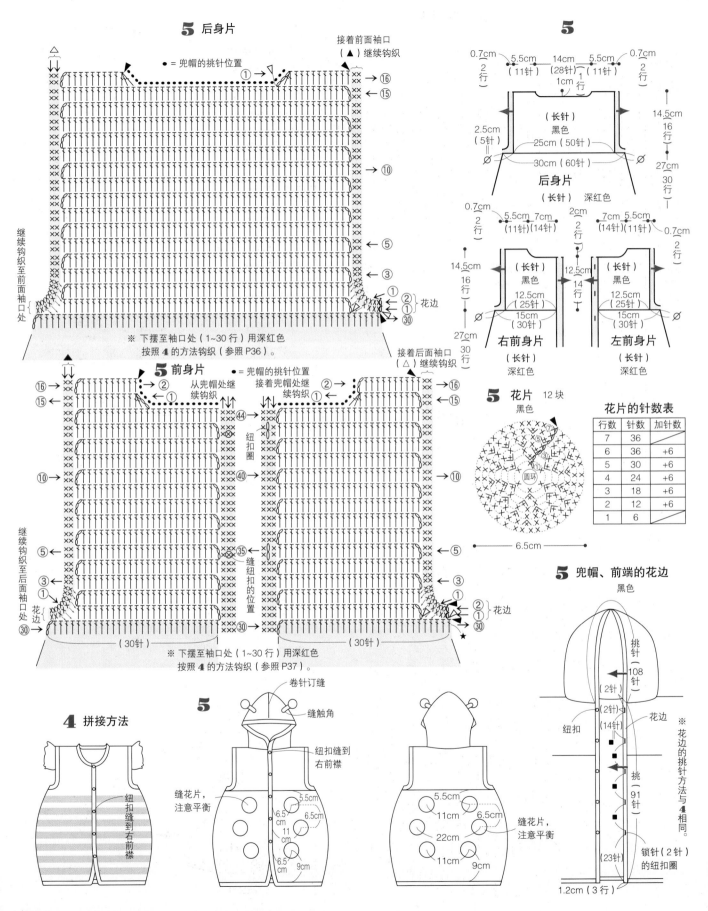

5 后身片

● = 兜帽的挑针位置

接着前面袖口
（▲）继续钩织

① ② ▲

→⑯
←⑮
→⑩
←⑤
←③
②｝花边
①
⑳

继续钩织至前面袖口处

※ 下摆至袖口处（1～30行）用深红色
按照 **4** 的方法钩织（参照P36）。

5

0.7cm 2行 5.5cm（11针）14cm（28针）1cm 1行 5.5cm（11针）0.7cm 2行

14.5cm 16行

（长针）黑色
25cm（50针）
30cm（60针）

2.5cm（5针）

27cm 30行

后身片
（长针）深红色

0.7cm 2行 5.5cm 7cm（11针）（14针）2cm 2行 7cm 5.5cm（14针）（11针）0.7cm 2行

14.5cm 16行 12.5cm 14行

（长针）黑色
12.5cm（25针）
15cm（30针）

（长针）黑色
12.5cm（25针）
15cm（30针）

27cm 30行

右前身片
（长针）深红色

左前身片
（长针）深红色

5 前身片

● = 兜帽的挑针位置

⑯ ←
⑮ ←
⑩ →
⑤ ←
③ ←
① ←
花边｝
⑳ →

从兜帽处继续钩织
② ①

接着兜帽处继续钩织
② ①

→⑯
←⑮
纽扣圈 ㊹
→⑩
缝纽扣的位置 ㉟
→⑤
→③
②｝花边
①
⑳
★

（30针）

（30针）

※ 下摆至袖口处（1～30行）用深红色
按照 **4** 的方法钩织（参照P37）。

5 花片 12块
黑色

圆环

6.5cm

花片的针数表

行数	针数	加针数
7	36	
6	36	+6
5	30	+6
4	24	+6
3	18	+6
2	12	+6
1	6	

5 兜帽、前端的花边
黑色

挑针（108针）（2针）

（2针）（14针）
花边
纽扣

挑（91针）

锁针（2针）的纽扣圈

（23针）

1.2cm（3行）

※ 花边的挑针方法与 **4** 相同。

4 拼接方法

纽扣缝到右前襟

5

卷针订缝
缝触角
纽扣缝到右前襟
缝花片，注意平衡

5.5cm
6.5cm
11cm
6.5cm
9cm

缝花片，注意平衡

5.5cm
11cm
6.5cm
22cm
11cm
9cm

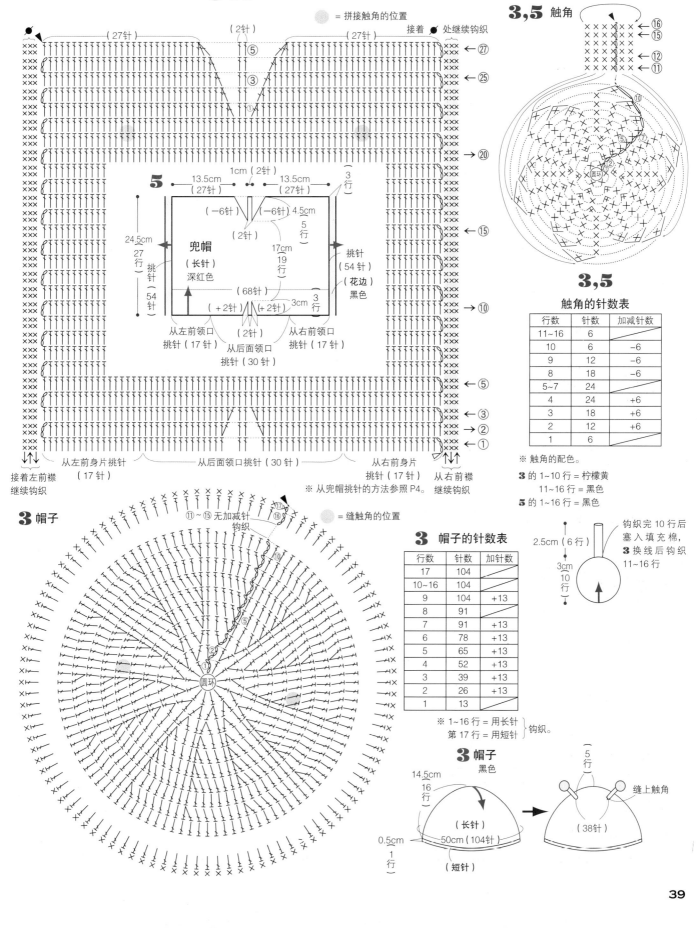

5 兜帽 深红色

3,5 触角

3 帽子

触角的针数表

行数	针数	加减针数
11~16	6	
10	6	−6
9	12	−6
8	18	−6
5~7	24	
4	24	+6
3	18	+6
2	12	+6
1	6	

※ 触角的配色。

3 的 1~10 行 = 柠檬黄
　　　11~16 行 = 黑色

5 的 1~16 行 = 黑色

钩织完 10 行后
塞入填充棉,
3 换线后钩织
11~16 行

3 帽子的针数表

行数	针数	加针数
17	104	
10~16	104	
9	104	+13
8	91	
7	91	+13
6	78	+13
5	65	+13
4	52	+13
3	39	+13
2	26	+13
1	13	

※ 1~16 行 = 用长针
第 17 行 = 用短针 } 钩织。

3 帽子 黑色

缝上触角

6,7 精灵背心

成品照片：P12~13 重点课程：P5

✳ 准备材料

【编织线】DRUMA

6 轻柔 Ram / 粉蓝色…90g,奶油色、黄色…
各10g,艾草色…5g,白色…1g

7 轻柔 Ram / 黄绿色…90g,深粉色、粉色…
各10g,深绿色…5g,本白色…4g

【针】钩针 6/0 号

✳ 标准织片

长针20针,11行

✳ 成品尺寸

胸围60cm,衣长28cm
肩背宽25cm、袖长4cm

✳ 钩织方法

1. 钩织前后身片

前后身片分别织入60针锁针起针,然后按
照图示方法用长针钩织。

2. 缝合肩部、侧边

肩部与前后身片相接,用卷针订缝的方法
缝合。侧边与前后身片正面相对合拢,用
锁针2针、短针1针的锁针接缝（参照
P4）的方法缝合。

3. 钩织花边、袖子

织入短针调整领口、袖口,钩织袖子。下
摆织入花边。

4. 钩织翅膀、花朵花片

按照图示方法用中长针钩织翅膀。用指定
的编织线分别钩织大号、小号的花朵花片。

5. 完成

花朵花片缝到前身片,注意整体平衡。翅
膀缝到背部。

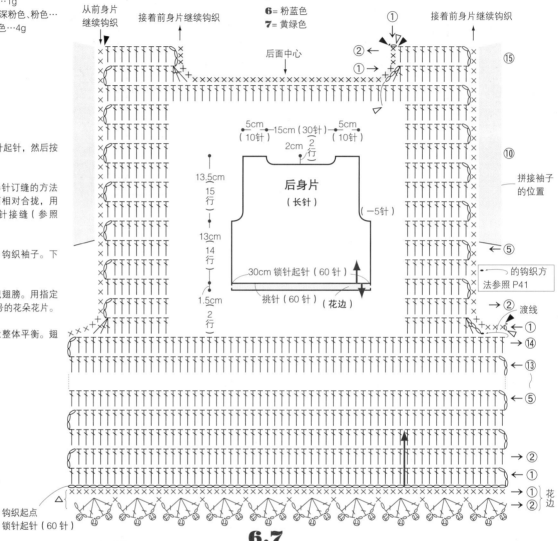

6,7 后身片

6= 粉蓝色
7= 黄绿色

6,7 翅膀 ※ 左右翅膀各钩织1块。

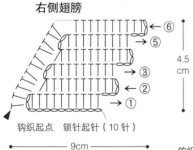

右侧翅膀

钩织起点 锁针起针（10针）

9cm

左侧翅膀

钩织起点 锁针起针（10针）

4.5cm

钩织方法顺序

①钩织翅膀时,1~5行的织片钩织2块。

②右侧翅膀、左侧翅膀按照左右对称的方法钩
织5行,然后再如图所示钩织第6行。

6= 白色
7= 本白

6,7
叶子 7块
参照P5

6= 艾草色
7= 深绿色

（8针）   （8针）

钩织起点
锁针起针（8针）

花朵的配色、块数表

		尺寸	1、3、4 行	2、5、6 行	块数
6		大	奶油色	黄色	2
	小	A	黄色	奶油色	2
		B	奶油色	黄色	3
7		大	深粉色	粉色	2
	小	A	粉色	深粉色	2
		B	深粉色	粉色	3

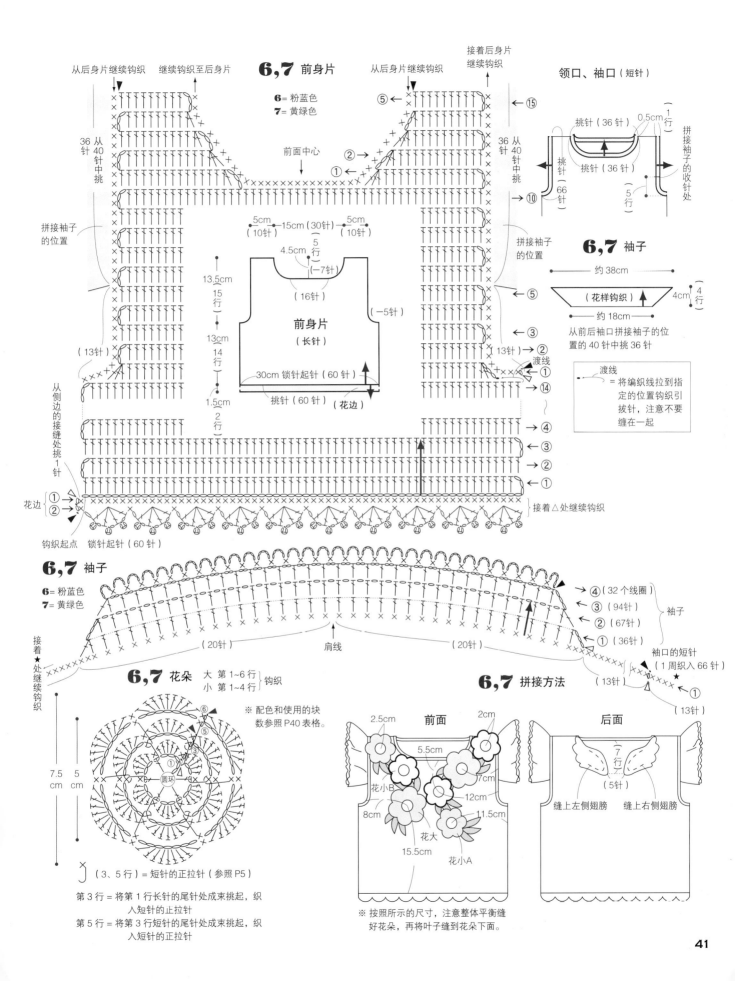

6,7 前身片

6= 粉蓝色
7= 黄绿色

从后身片继续钩织　继续钩织至后身片

36针 从40针中挑

拼接袖子的位置

从侧边的接缝处挑1针

花边 ①②

钩织起点　锁针起针（60针）

前面中心

5cm（10针）　15cm（30针）　5cm（10针）
4.5cm（5行）（-7针）

（16针）

13.5cm（15行）

前身片（长针）

13cm（14行）

30cm 锁针起针（60针）

挑针（60针）（花边）

1.5cm（2行）

接着后身片继续钩织

从后身片继续钩织

36针 从40针中挑

拼接袖子的位置

拼接袖子的收针处

接着△处继续钩织

领口、袖口（短针）

挑针（36针）　0.5cm（1行）
挑针（36针）
挑针（66针）
5行

6,7 袖子

约38cm
（花样钩织）　4cm（4行）
约18cm

从前后袖口拼接袖子的位置的40针中挑36针

渡线 = 将编织线拉到指定的位置钩织引拔针，注意不要缠在一起

6,7 袖子

6= 粉蓝色
7= 黄绿色

接着★处继续钩织

（20针）　肩线　（20针）

④（32个线圈）
③（94针）
②（67针）
①（36针）　袖子

袖口的短针（1周织入66针）

（13针）

6,7 花朵

大 第1~6行
小 第1~4行　钩织

※ 配色和使用的块数参照P40表格。

7.5cm　5cm

圆环

✕（3、5行）= 短针的正拉针（参照P5）

第3行 = 将第1行长针的尾束处成束挑起，织入短针的止拉针
第5行 = 将第3行短针的尾束处成束挑起，织入短针的正拉针

6,7 拼接方法

前面

2.5cm　2cm
5.5cm
7cm
花小B　12cm
8cm　11.5cm
花大
15.5cm　花小A

后面

7行（5针）

缝上左侧翅膀　缝上右侧翅膀

※ 按照所示的尺寸，注意整体平衡缝好花朵，再将叶子缝到花朵下面。

8,9 南瓜和妖怪的长背心

成品照片：P14~15　重点课程：P5

★准备材料

【编织线】奥林巴斯

8 Tree House Leaves / 橙色…175g；Milky Kids / 黑色…5g

9 Tree House Leaves / 白色…175g；Milky Kids / 灰色…4g

【针】钩针6/0号（Tree House Leaves）、5/0号（Milky Kids）

【其他】直径1.8cm的纽扣（8 黄色、9 白色）…各4颗

★标准织片

花样钩织 A 18针、11行，花样钩织 B 18针、8.5行

★成品尺寸

胸围56cm、衣长42cm、肩背宽24cm

★钩织方法

1. 钩织前后身片　织入56针锁针起针，然后参照图用花样A和短针钩织至肩部。前后身片正面相对合拢重叠，用锁针3针和引拔针2针的锁针接缝（参照P4）将两侧缝合，然后翻到正面。

2. 钩织袖口、领口　分别钩织前后领口与左右袖口的花边。

3. 在袖口钩织花样B　从前后身片的下摆处挑针，用花样B钩织成环形。

4. 钩织脸部的五官　8 钩织眼睛、鼻子、嘴巴，9 钩织眼睛、嘴巴。

5. 完成　脸部的五官拼缝到胸前，后身片的两肩上各缝2颗纽扣（利用镂空花样做纽扣圈），完成。

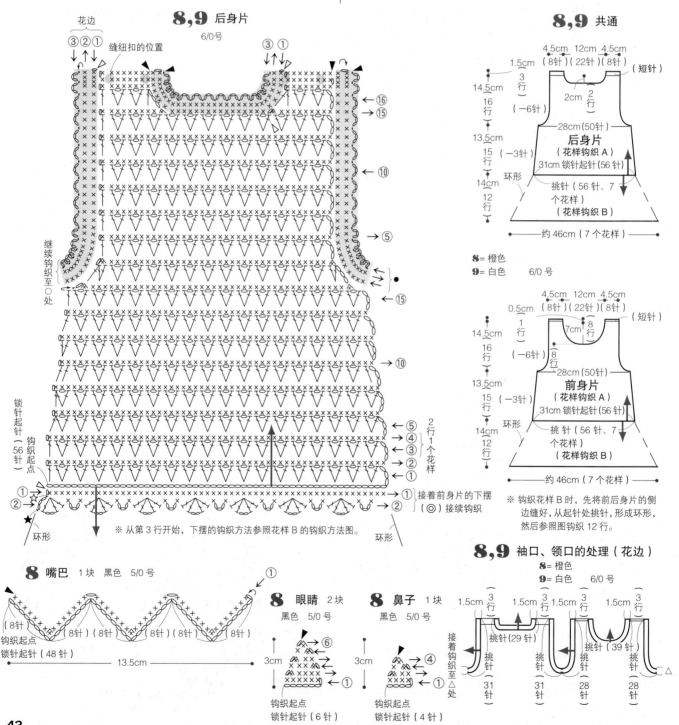

42

8,9 前身片 6/0 号

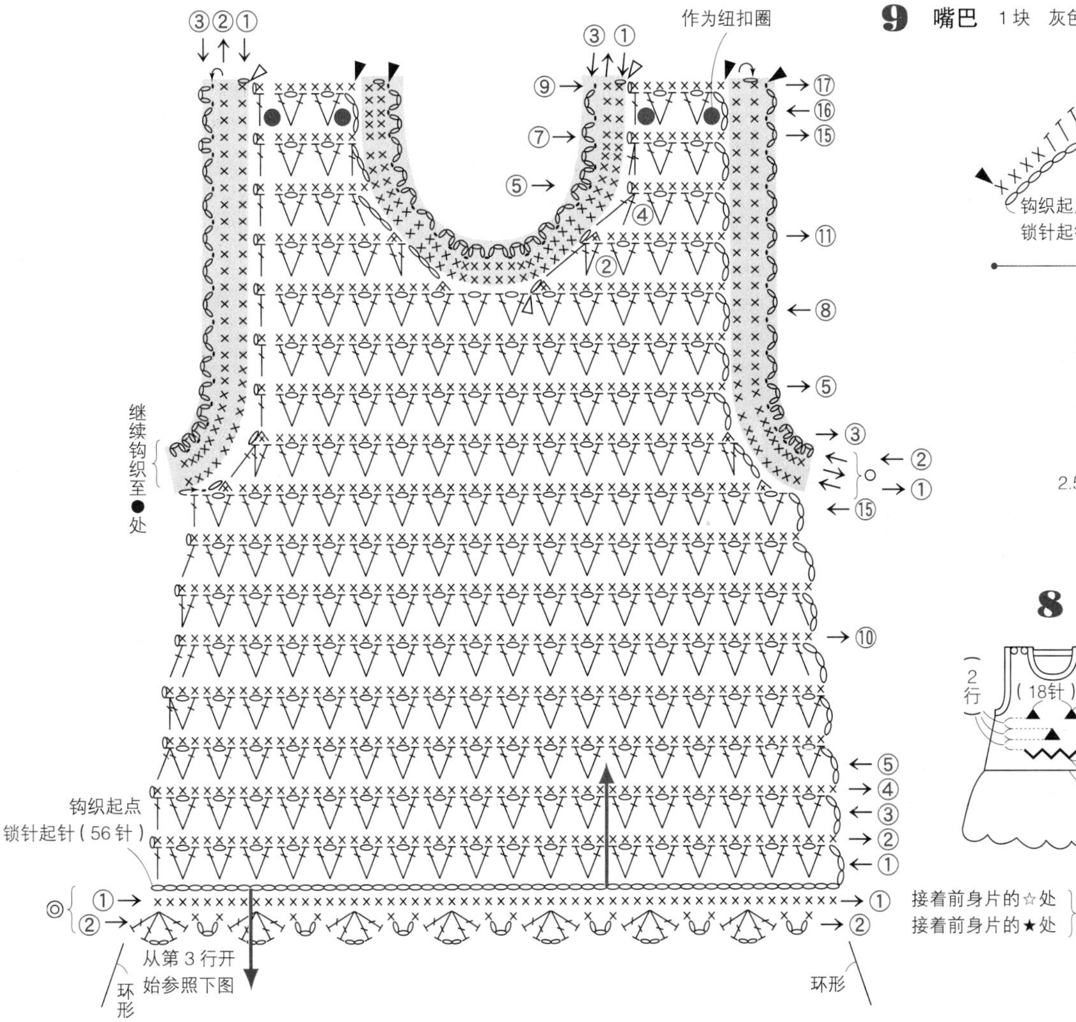

③②①　　　　　　　　　　　　作为纽扣圈
③①

⑨→
⑦→
⑤→
②
④
　　　　　　　　　　　　　　　　　　　→⑰
　　　　　　　　　　　　　　　　　　　←⑯
　　　　　　　　　　　　　　　　　　　←⑮
　　　　　　　　　　　　　　　　　　　→⑪
　　　　　　　　　　　　　　　　　　　←⑧
　　　　　　　　　　　　　　　　　　　→⑤
　　　　　　　　　　　　　　　　　　　→③　　←②
　　　　　　　　　　　　　　　　　　　　　　　→①
　　　　　　　　　　　　　　　　　　←⑮

继续钩织至●处

　　　　　　　　　　　　　　　　　　　→⑩

钩织起点
锁针起针（56 针）
　　　　　　　　　　　　　　　　　　　←⑤
　　　　　　　　　　　　　　　　　　　→④
　　　　　　　　　　　　　　　　　　　→③
◎{①→　　　　　　　　　　　　　　　　→②
　②→　　　　　　　　　　　　　　　　→①
从第3行开始参照下图
环形　　　　　　　　　　　　　　　环形

接着前身片的☆处{钩织
接着前身片的★处

9 嘴巴　1 块　灰色
下侧　　　　　　　　　　　　　5/0 号
上侧
钩织起点
锁针起针（23 针）
←①
8cm

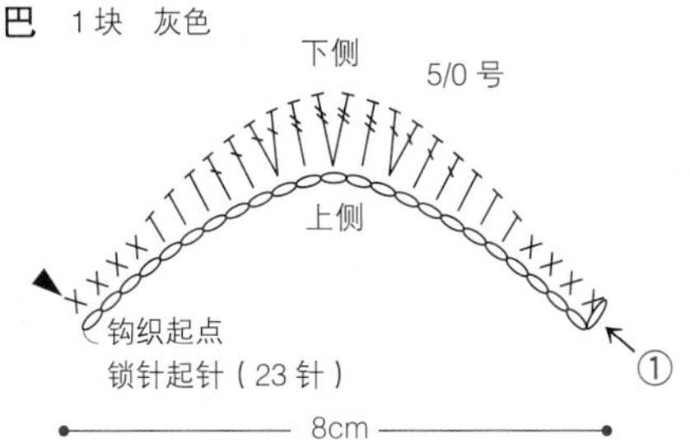

9 眼睛　2 块　灰色　　　5/0 号
③
②
圆环
2.5cm

8　　　　　　　**9**
（18针）　　　　　（12针）
（2行）　3行　　（2行）　4.5
3行　　　　　　　　　43cm
3行
10行　　　　　　　10行

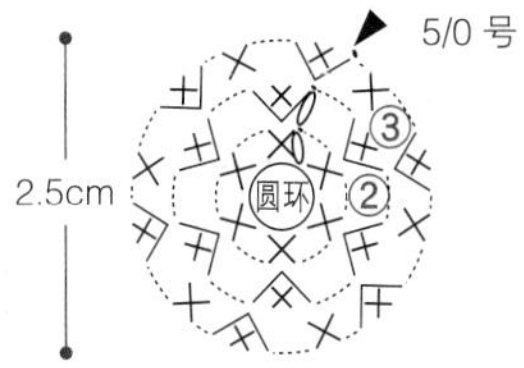

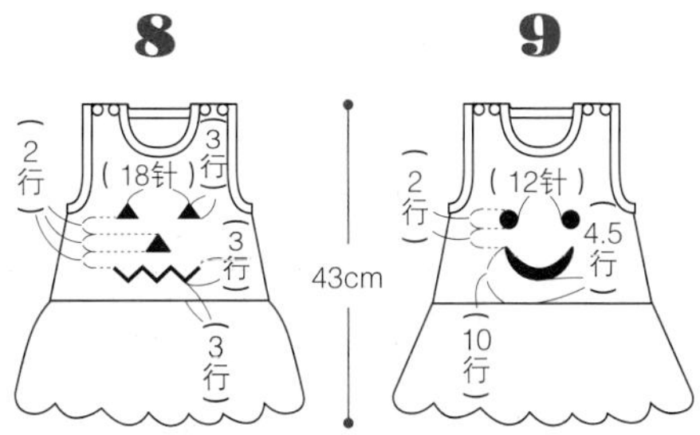

9 花样 B 的钩织方法
1 周钩织 14 个花样
1 个花样

8 花样 B 的钩织方法
1 周钩织 14 个花样

接着△处钩织
右侧边
后面中央　8 针 1 个花样
左侧边

⑫
⑩
⑧
⑥
④
②　③
△

⑫
⑨⑩

第 11 行之前与 **8** 的花样 B 共通

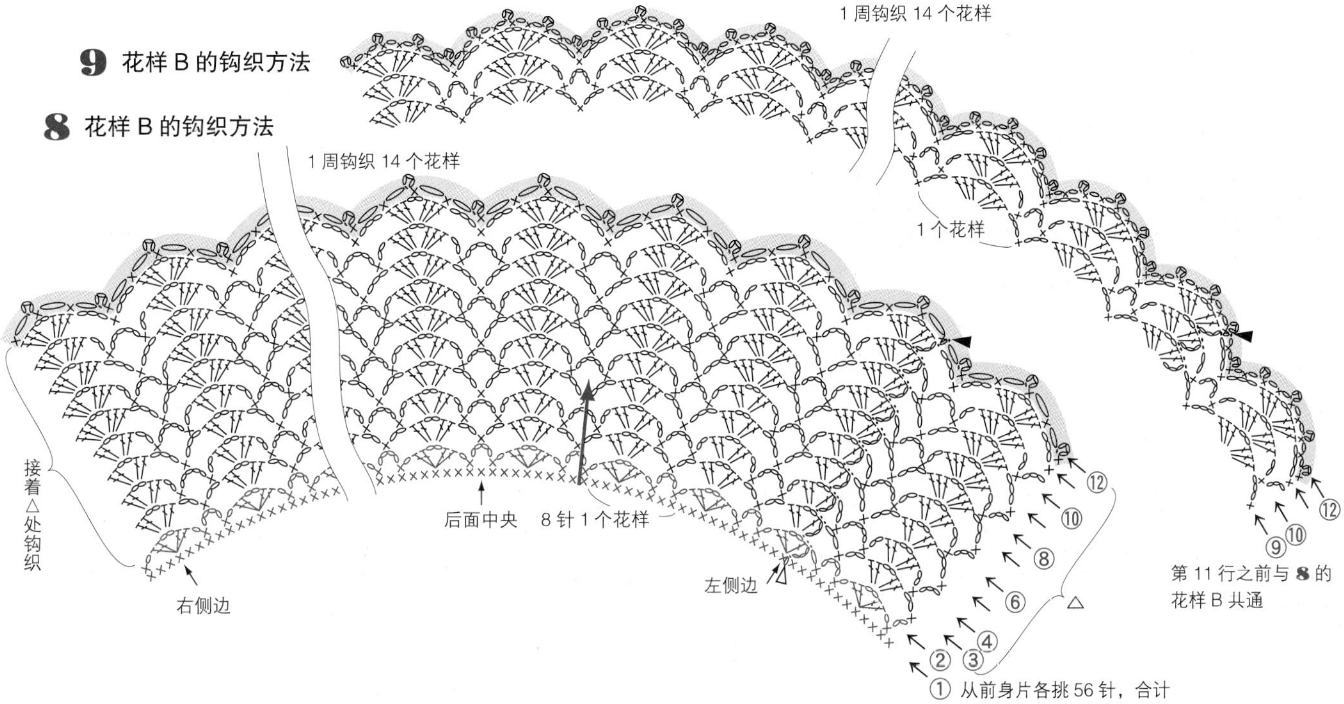

① 从前身片各挑 56 针，合计
112 针、14 个花样。

43

10,11 小红帽的斗篷 成品照片：P16~17

※ 准备材料
【编织线】
10 HAMANAKA Amerry / 深红色…155g
11 奥林巴斯 Tree House Leaves / 红色……255g
【针】钩针 10 5/0 号，11 7/0 号
【其他】直径 14mm 的子母扣…1 组

※ 标准织片
花样钩织 A 针数参照制图内的尺寸，10 为 11.5 行，11 为 10.5 行
花样钩织 B 10 为 20 针、8.8 行，11 为 18.5 针、8 行
※ 成品尺寸
10 斗篷长 26cm、宽 112cm
11 斗篷长 28.5cm、宽 123cm
※ 钩织方法
1. 钩织斗篷
织入 67 针锁针起针，从颈部周围往下摆方向加针，同时用花样 A 钩织 29 行，呈圆形。
2. 钩织兜帽
从斗篷的领口处挑针 65 针，用花样钩织 B 的方法钩织 21 行，第 19~21 行用在后面中央减针的方法进行钩织。编织完兜帽后对折帽顶，用卷针订缝的方法缝合。

3. 钩织花边
在斗篷和兜帽处钩织花边，调整。
4. 完成
在前襟的指定位置缝上子母扣，分别钩织好蝴蝶结，拼接完成后即可。

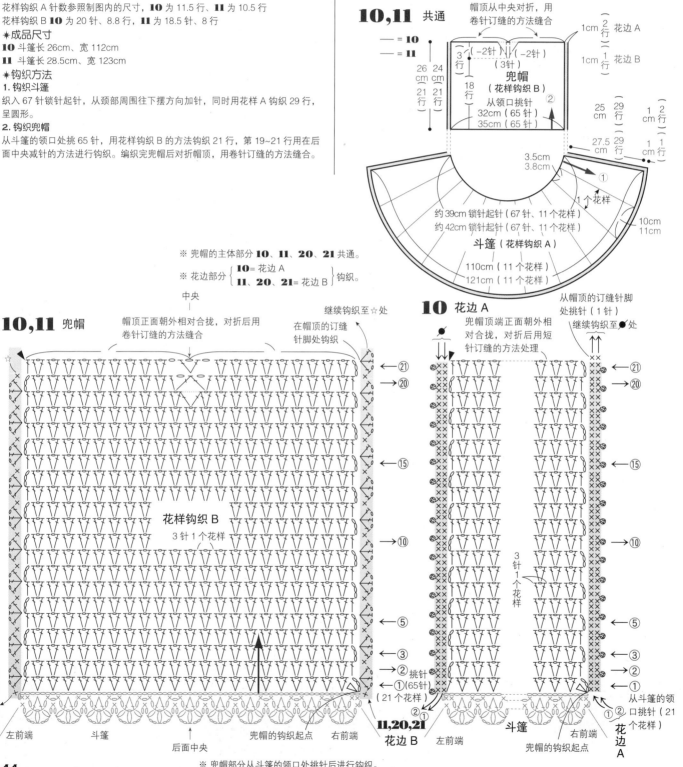

10,11 共通

— = 10
— = 11

帽顶从中央对折，用卷针订缝的方法缝合

兜帽（花样钩织 B）
从领口挑针
32cm（65 针）
35cm（65 针）

花边 A
花边 B

斗篷（花样钩织 A）

约 39cm 锁针起针（67 针、11 个花样）
约 42cm 锁针起针（67 针、11 个花样）

110cm（11 个花样）
121cm（11 个花样）

※ 兜帽的主体部分 10、11、20、21 共通。
※ 花边部分 { 10 = 花边 A ; 11、20、21 = 花边 B } 钩织。

10,11 兜帽

帽顶正面朝外相对合拢，对折后用卷针订缝的方法缝合

在帽顶的订缝针脚处钩织

继续钩织至☆处

花样钩织 B
3 针 1 个花样

继续钩织至主体

左前端　斗篷　后面中央　兜帽的钩织起点　右前端

11,20,21 花边 B

10 花边 A

兜帽顶端正面朝外相对合拢，对折后用短针订缝的方法处理

从帽顶的订缝针脚处挑针（1 针）

继续钩织至●处

3 针 1 个花样

挑针
（65针）
（21 个花样）

从斗篷的领口挑针（21 个花样）

斗篷　左前端　右前端　花边 A
兜帽的钩织起点

※ 兜帽部分从斗篷的领口处挑针后进行钩织。

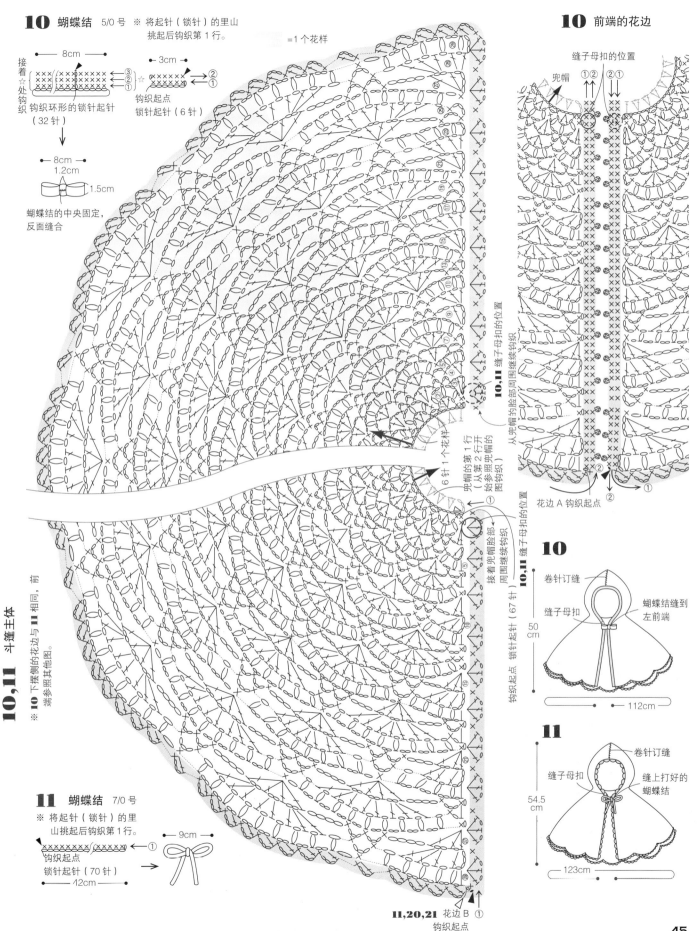

10 蝴蝶结　5/0 号　※ 将起针（锁针）的里山挑起后钩织第1行。

接着☆处钩织
钩织环形的锁针起针
（32针）

8cm

蝴蝶结的中央固定，
反面缝合

8cm
1.2cm
1.5cm

3cm
钩织起点
锁针起针（6针）

=1个花样

10 前端的花边

缝子母扣的位置

兜帽

10,11 缝子母扣的位置

从兜帽的围脸部周围继续钩织

缝子母扣的位置

花边 A 钩织起点

兜帽的第1行
（从第2行开始参照兜帽的其他图钩织）

6针1个花样

接着兜帽围脸部
周围继续钩织

10,11 围脸部周围继续钩织
锁针起针（67针）

10

卷针订缝
缝子母扣
钩织起点
锁针起针

蝴蝶结缝到
左前端

50
cm

112cm

11

卷针订缝
缝子母扣
缝上打好的
蝴蝶结

54.5
cm

123cm

10,11 斗篷主体

※**10** 下摆侧的花边与**11**相同，前端参照其他图。

11 蝴蝶结　7/0 号

※ 将起针（锁针）的里山挑起后钩织第1行。

9cm

钩织起点
锁针起针（70针）
12cm

11,20,21 花边 B ①
钩织起点

45

12,13,14,15 国王的长背心和王冠

成品照片：P18~19　重点课程：12,14 P5　13,15 P31

✴准备材料

【编织线】DARUMA

12 Café Kitchen / 天蓝色…17g，白色…6g

13 Merino 普通粗线 / 白色…85g，水蓝色…83g，黄色…10g

14 Café Kitchen / 黄色…16g，黄绿色…6g

15 轻柔 Ram / 黄绿色…60g，浅粉色…55g，浅水蓝色…6g

【针】钩针 12 8/0 号，13 6/0 号，14 7/0 号，15 5/0 号

【其他】13,15 直径 1.2cm 的纽扣（白色）…3 个，缝纫线（白色）…适量

✴标准织片

花样钩织 A 13 20 针、13 行，15 22 针、14 行

✴成品尺寸

12 头围 50cm、深 9cm　13 衣长 38cm、肩背宽 34cm

14 头围 48cm、深 8cm　15 衣长 35cm、肩背宽 33cm

✴ 12、14 的钩织方法

1. 钩织王冠的主体

钩织 72 针锁针，呈环形，然后按照图示方法用短针和花样钩织的方法钩织（参照 P49）。

2. 完成

钩织 9 个装饰（参照 P5），缝到王冠花样的顶端，完成。

✴ 13、15 的钩织方法

※ 变换前后身片、胸口部分、躯干部分的花样，进行横向钩织。

1. 钩织前后身片

织入 77 针锁针，按照图示方法用花样 A 和花样 B 进行横向钩织。

2. 肩部和侧边订缝，钩织背部的开口部分和前后领口

肩部与前后身片相接，用卷针订缝的方法缝合。侧边用锁针 2 针、引拔针 1 针的锁针接缝（参照 P4）的方法缝合。钩织前后领口，接着按照图示方法用短针钩织背部的开口部分（参照 P31）。

3. 钩织口袋，完成

钩织 2 个口袋，缝到指定的位置。纽扣缝到背部开口处，完成。

衣领（短针）6/0 号　5/0 号

背部开口处（短针）

背部开口处、贴边部分的挑针方法

背部开口处的贴边部分

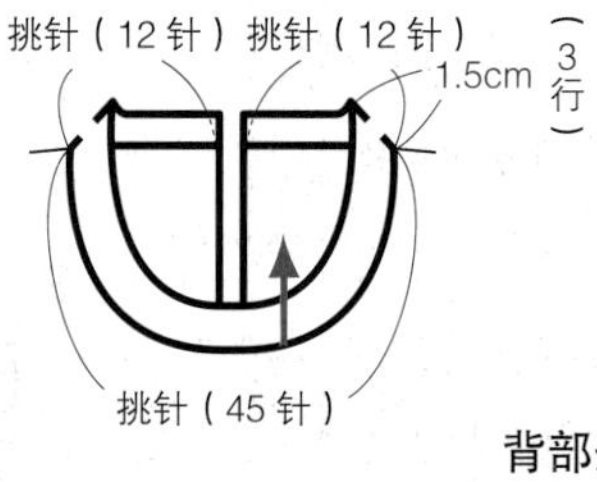

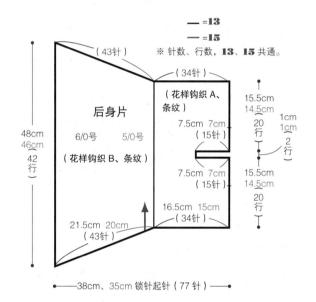

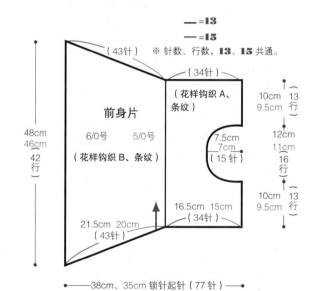

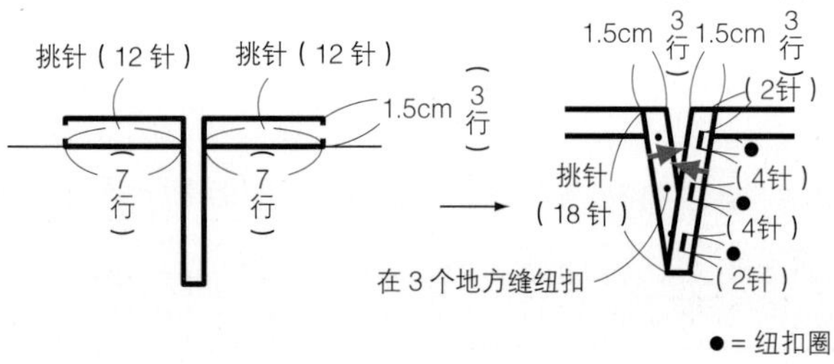

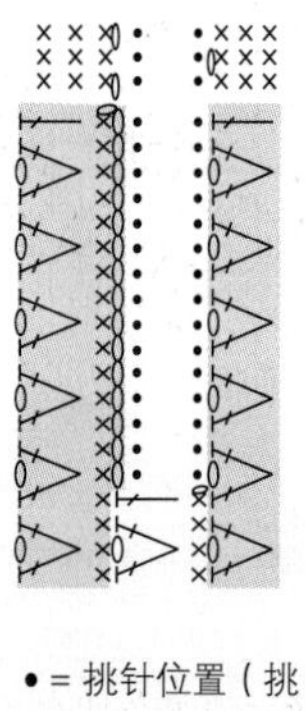

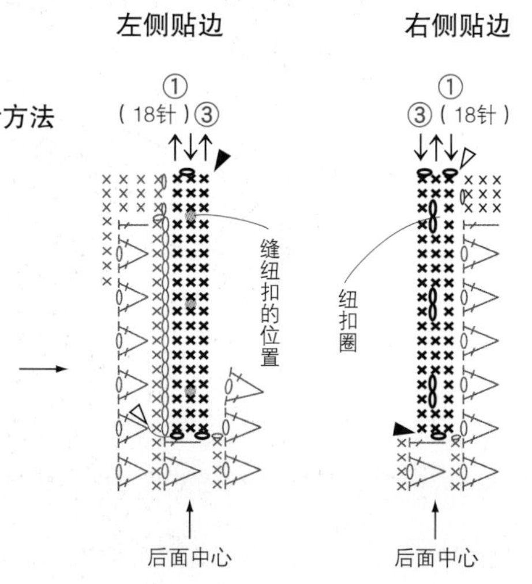

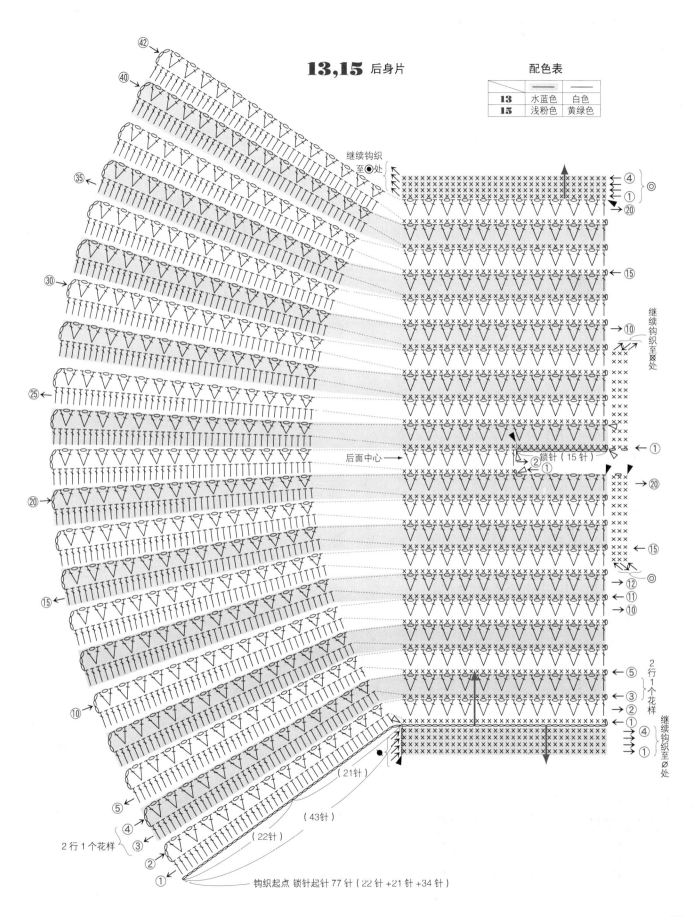

13,15 后身片

配色表

13	水蓝色	白色
15	浅粉色	黄绿色

继续钩织
至●处

后面中心 →

锁针（15针）

2行1个花样

继续钩织
至☒处

继续钩织至∅处

（21针）

（43针）

（22针）

2行1个花样

钩织起点 锁针起针77针（22针+21针+34针）

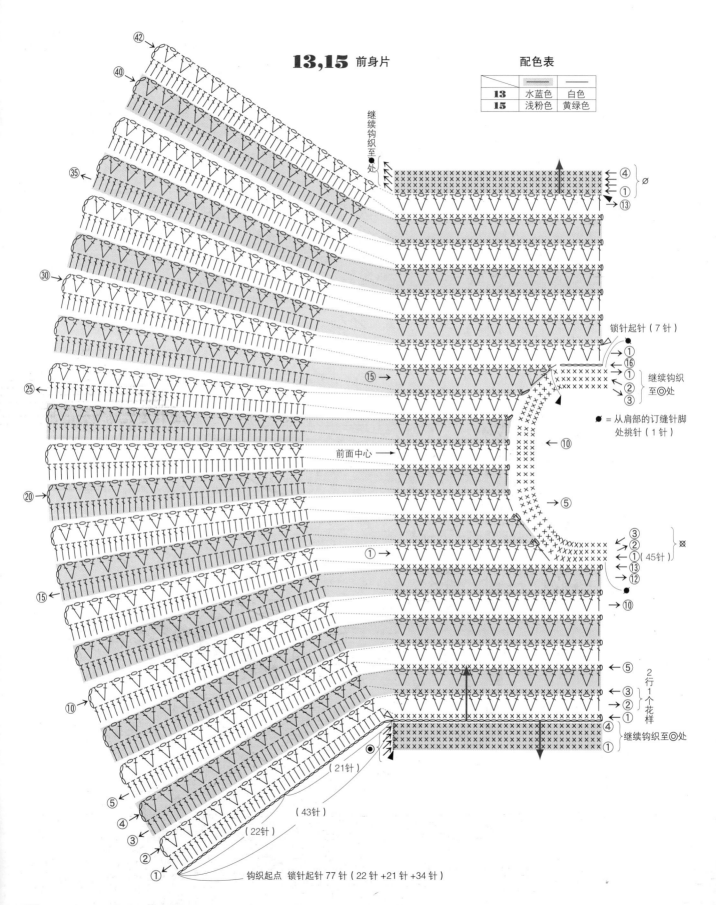

13,15 前身片

配色表

13	水蓝色	白色
15	浅粉色	黄绿色

继续钩织至●处

锁针起针（7针）

继续钩织至◎处

● = 从肩部的订缝针脚处挑针（1针）

前面中心 →

2行1个花样

继续钩织至◎处

（21针）

（43针）

（22针）

钩织起点 锁针起针77针（22针+21针+34针）

13,15 口袋

13= 黄色　6/0 号
15= 浅水蓝色　5/0 号

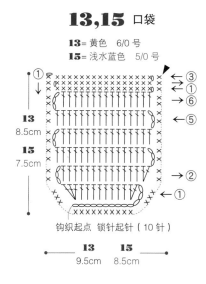

13
8.5cm
15
7.5cm

① ③ ①
→ ⑥
← ⑤

← ②
← ①

钩织起点　锁针起针（10 针）

13	**15**
9.5cm	8.5cm

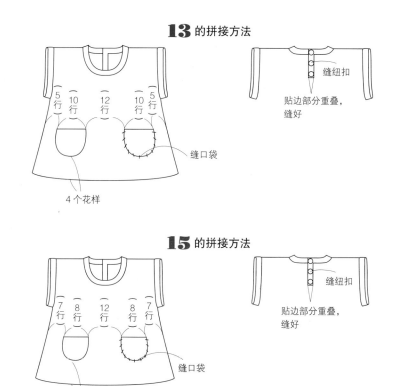

13 的拼接方法

缝纽扣

贴边部分重叠，
缝好

5
行
10
行
12
行
10
行
5
行

缝口袋

4 个花样

15 的拼接方法

缝纽扣

贴边部分重叠，
缝好

7
行
8
行
12
行
8
行
7
行

缝口袋

5 个花样

12,14 王冠

12= 天蓝色　8/0 号
14= 黄色　7/0 号

（花样钩织）

（9 个花样）
50cm、48cm 锁针起针（72 针）

（花样钩织）　（花样钩织）

挑 36 个山形花样

4cm
（3 行）（2 行）
1.5cm
0.5cm（1 行）

装饰　9 个（参照 P5）

12 = 白色
14 = 黄色绿

将这一侧缝
到王冠上
2cm
← ①
锁针起针（1 针）

12,14 王冠　**12** = 天蓝色
14 = 黄色

● = 拼接装饰的位置

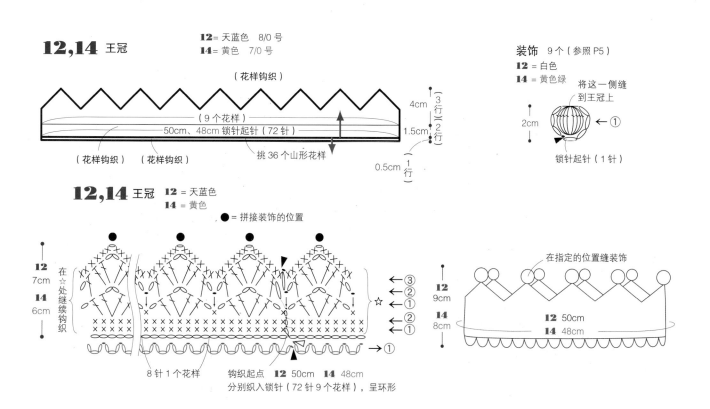

12
7cm
14
6cm

在 ☆ 处继续钩织

← ③
← ②
☆ ← ①
← ②
← ①
→ ①

8 针 1 个花样

钩织起点　**12** 50cm　**14** 48cm
分别织入锁针（72 针 9 个花样），呈环形

在指定的位置缝装饰

12
9cm
14
8cm

12 50cm
14 48cm

16,17 王子的帽子和披风

成品照片：P20~21　重点课程：P6

✲ 准备材料

【编织线】HAMANAKA

16 Amerry / 深红色…46g；Lupo〈Animale〉/ 米褐色…12g

17 Amerry / 深红色…256g；Lupo〈Animale〉/ 米褐色…48g

【针】钩针5/0号（Amerry）、10/0号（Lupo）

【其他】填充棉…适量

✲ 标准织片

长针 19针、9行　花样钩织 22针、9行

✲ 成品尺寸

16 头围50cm、深24.5cm

17 衣长47cm、下摆周长116cm

✲ 16 的钩织方法

织入96针锁针起针，呈环形。用长针钩织8行，接着用花样钩织的方法在8个位置减针，同时钩织11行，收紧帽顶。帽口处织入花边，完成。

✲ 17 的钩织方法

1. **钩织主体**　用Amerry钩织226针锁针，然后用花样钩织和长针按照图示方法进行减针，同时钩织39行。用Lupo钩织2行花边，调整形状。

2. **钩织纽扣和纽扣圈**　纽扣部分先用线头制作出圆环，然后用短针按照图示方法钩织，塞入填充棉，将终点处的6针收紧。纽扣圈部分先织入40针锁针，呈环形，再按照图示方法打结。纽扣、纽扣圈缝到披风的领口处。

纽扣　2个
Amerry

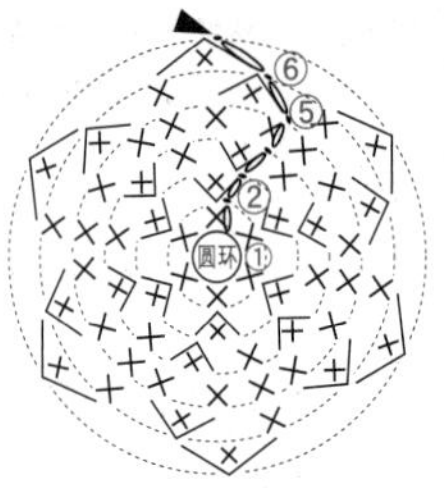

※ 留出少许线头，剪断。

拼接方法

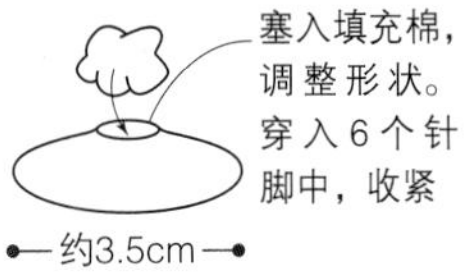

塞入填充棉，调整形状。穿入6个针脚中，收紧。

←约3.5cm→

纽扣的针数表

行数	针数	加减针数
6	6	−6
5	12	−6
4	18	
3	18	+6
2	12	+6
1	6	

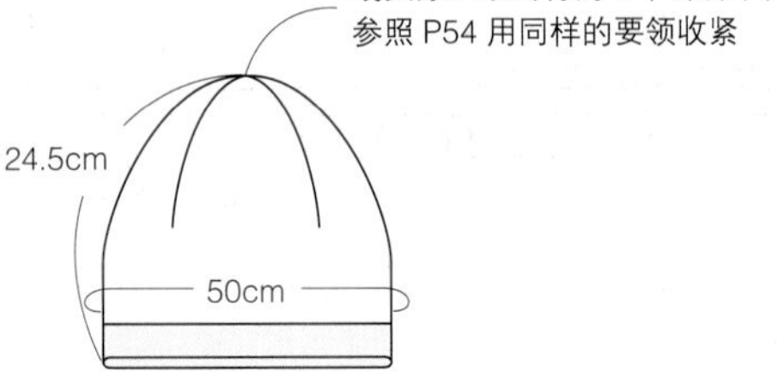

线头穿入最终行的8个针脚中，参照P54用同样的要领收紧

24.5cm

50cm

17,18,19 纽扣圈

钩织起点　织入锁针（40针）

缝到主体上

按照右图所示在中央打结

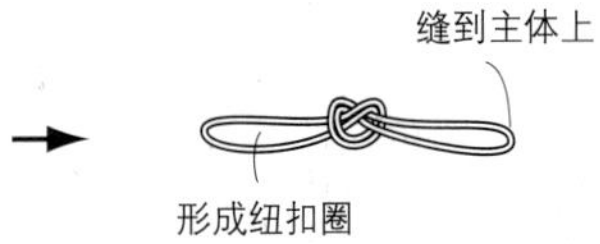

形成纽扣圈

16 帽子

12.5cm 11行

9cm（8行）

3cm（3行）

（1针）

（长针）5/0号　（23针）　环形

50cm锁针起针（96针），呈环形

挑针（32针）　（花边）10/0号

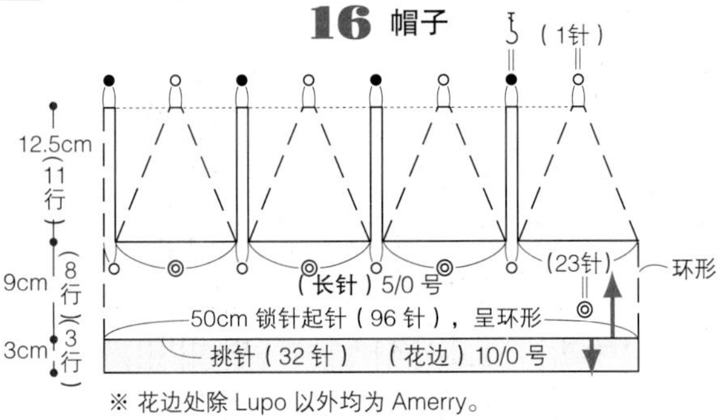

※ 花边处除Lupo以外均为Amerry。

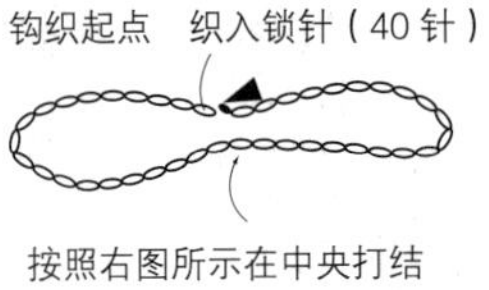

16 帽子　—— = Amerry　—— = Lupo

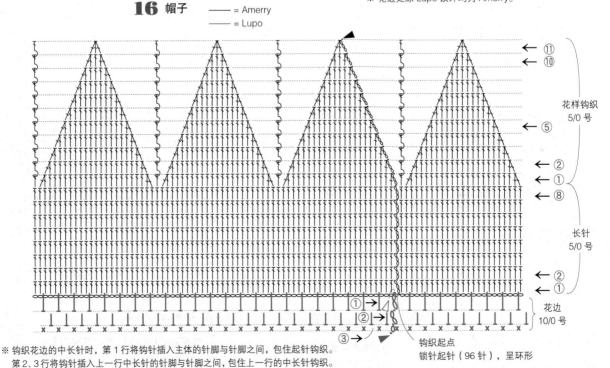

花样钩织 5/0号

⑪ ⑩ ⑤ ② ① ⑧

长针 5/0号

② ①

花边 10/0号

① ② ③

钩织起点
锁针起针（96针），呈环形

※ 钩织花边的中长针时，第1行将钩针插入主体的针脚与针脚之间，包住起针钩织。

※ 第2、3行将钩针插入上一行中长针的针脚与针脚之间，包住上一行的中长针钩织。

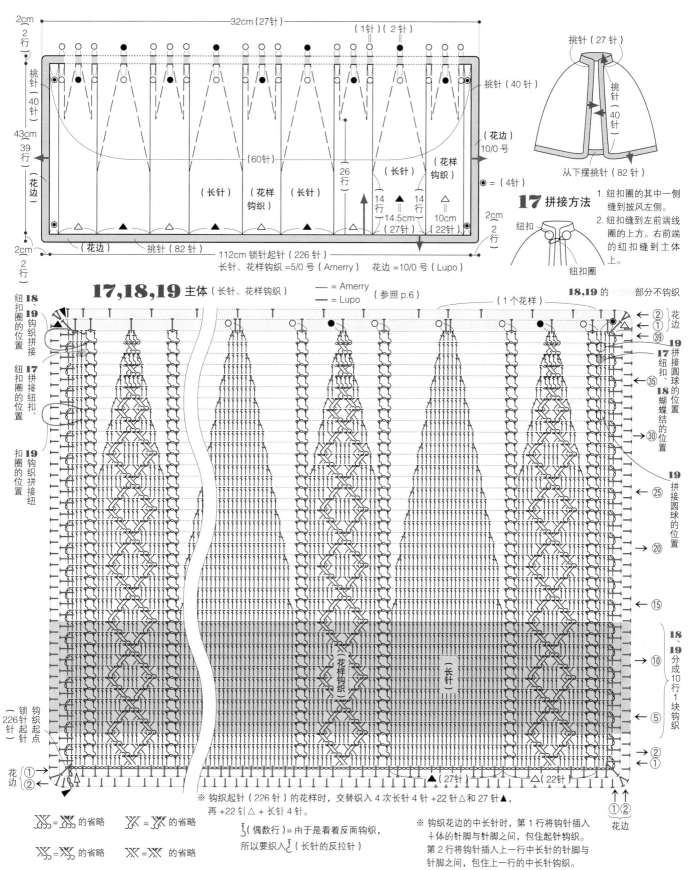

17 披风

2cm 2行

32cm（27针）

（1针）（2针）

挑针（40针）

挑针（27针）

挑针（40针）

43cm 39行

（60针）

（长针）（花样钩织）（长针）

26行

（长针）（花样钩织）

（花样钩织）

花边 10/0 号

从下摆挑针（82针）

⊙ = （4针）

17 拼接方法

1. 纽扣圈的其中一侧缝到披风左侧。
2. 纽扣缝到左前端线圈的上方。右前端的纽扣缝到土体上。

纽扣
纽扣圈

14行 14行
14.5cm（27针）
10cm（22针）

（花边） 挑针（82针）
112cm 锁针起针（226针）
长针、花样钩织 =5/0 号（Amerry）　花边 =10/0 号（Lupo）

2cm 2行

17,18,19 主体（长针、花样钩织）

— = Amerry
— = Lupo （参照 p.6）

（1个花样）

18,19 的 部分不钩织

18、19 钩织拼接
纽扣圈的位置

17 拼接纽扣、纽扣圈的位置

19 钩织拼接纽扣、扣圈的位置

② ① 花边
③⑨
17 纽扣、⑤
18 蝴蝶结的位置 ③⑩
19 拼接圆球的位置 ②⑤
②⑩
（花样钩织） （长针）
①⑤
①⑩ 18、19 分成10行1块钩织
⑤

锁针起针（226针）

钩织起针（226针）

钩织起针点

花边 ① ②

②①
花边

※ 钩织起针（226针）的花样时，交替织入4次长针4针 +22针△和27针▲，再 +22针 △ + 长针4针。

▲（27针） △（22针）

①②
花边

※（偶数行）=由于是看着反面钩织，所以要织入 ∫（长针的反拉针）

※ 钩织花边的中长针时，第1行将钩针插入＋体的针脚与针脚之间，包住起针钩织。第2行将钩针插入上一行中长针的针脚与针脚之间，包住上一行的中长针钩织。

18,19 圣诞老人和雪人的斗篷

成品照片：P22~23　重点课程：P6~7

★准备材料

【编织线】HAMANAKA

18 Amerry／深红色…233g，奶油色…5g；Lupo／白色…56g

19 Amerry／原白色…233g，深红色、绿色…各7g；Luop／白色…50g

【针】钩针5/0号（Amerry）、10/0号（Lupo）

【其他】填充棉……适量

★标准织片

长针19针、9行　花样钩织22针、9行

★成品尺寸

衣长35cm、下摆周长116cm

★钩织方法

1. 钩织主体（参照P51）　用Amerry织入226针锁针起针，然后用花样钩织和长针按照图示在指定的位置减针，同时钩织29行。

2. 钩织兜帽　从主体挑60针，用长针按照图示方法钩织，帽顶的34针用卷针订缝的方法缝合。

3. 钩织花边　从下摆接着前端、兜帽，用Lupo钩织2行进行调整。

4. 制作附属物　钩织**18**兜帽的装饰（圆球）时，将线头绕成圆环，织入6针短针，从第2行开始按照图示方法加减针，塞入填充棉后收紧钩织终点（参照P54）。钩织蝴蝶结时用长针钩织A、B，按照图示方法制作。**19**的纽扣与**18**一样，参照图钩织圆球。兜帽的装饰用双色线制作绒球（参照P7）。**18**、**19**的纽扣圈用指定的编织线钩织锁针。

5. 完成　**18**在前端缝上蝴蝶结，在兜帽的顶端缝上圆球。**19**在前端缝上圆球，在帽顶缝上绒球。

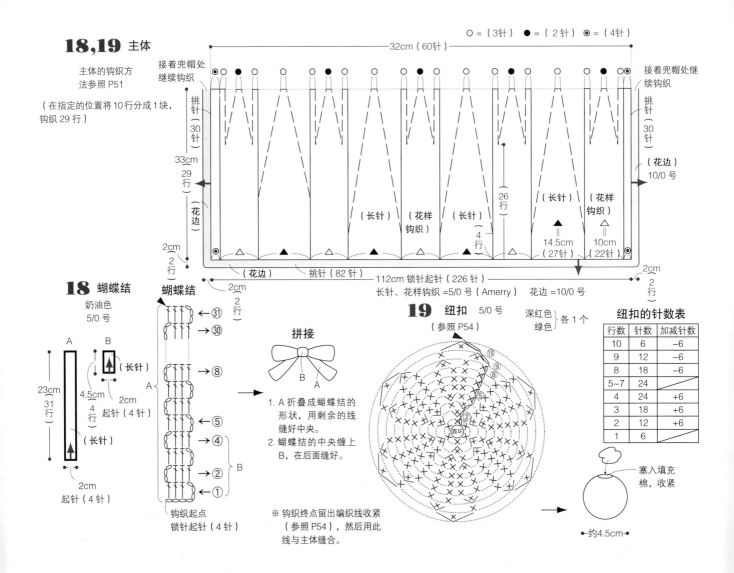

18,19 兜帽

※ 从中央对折（30 针），用卷针订缝的方法缝合。

中央

（34针）　　　　（34针）

接着☆处钩织

主体、兜帽
18= 深红色
19= 原白色
花边
18,19= 白色

→ ㉓

→ ⑳

36cm（68针）
卷针订缝

（34针）　（34针）

兜帽
（长针）

挑针
（23针）

花边

← ⑮

25.5cm
23
行

7cm
（+4针）

6
行

18cm
（34针）

18cm
（34针）

← ⑩

（30针）　　（30针）

从主体挑针（60针）

从主体处继续钩织　　　　从主体处继续钩织

※ 钩织花边的中长针时，
第 1 行将钩针插入主体
的针脚与针脚间，包住起
针钩织。第 2 行将钩针
插入上一行中长针的针
脚与针脚之间，包住上一
行的中长针进行钩织。

← ⑤

→ ②

← ①

从主体挑针（60针）

在左前端的▲
处继续钩织

从主体的右前端
△处继续钩织

18 圆球　白色　10/0 号

⑥
⑤
②
圆环

18,19 纽扣圈

锁针起针（20针）

※ 参照 P51 的图，在指定位
置接线，织入锁针（20针），
然后在指定的位置织入引拔
针，剪断线。

19 绒球

约7cm

B

在 8cm 的厚纸上用深
红色线和绿色线各缠
65 圈（参照 P7）

塞入填充
棉后收紧

约6.5
cm

※ 钩织终点处留出少许线，
收紧（参照 P54），然后
缝到兜帽上。

圆球的针数表

行数	针数	加减针数
6	6	−6
5	12	−6
4	18	
3	18	+6
2	12	+6
1	6	

18

圆球缝
到帽顶

钩织纽扣圈
深红色

1
行

1
行
收针

缝上蝴
蝶结

拼接方法

19

绒球缝到帽顶

缝纽扣
深红色
绿色

钩织纽扣圈
原白色

● = 6
行

○ = 1
行

※ 拼接纽扣圈与蝴蝶结
的位置参照主体的钩
织方法图。

53

20,21 魔女与魔法师的斗篷

成品照片：P24~25

❋准备材料

【编织线】奥林巴斯

20 Tree House Leaves／藏蓝色…175g；Tree House Berries／紫色…32g

21 Tree House Leaves／藏蓝色…190g；Tree House Forest／灰蓝色…20g

【针】钩针6/0号（Tree House Berries、Forest）、7/0号（Leaves）

【其他】填充棉…适量

❋标准织片

1个花样3.8cm（开始时）11行

❋成品尺寸

20、**21** 衣长28cm、下摆周围122cm

❋钩织方法

20、**21** 的主体均是用7/0号钩针钩织，衣领、纽扣用6/0号钩针钩织。

1. 钩织兜帽

参照P45关于**10**、**11**斗篷的钩织方法，从颈部周围织入67针锁针起针，按照图示方法加针，同时用花样钩织的方法钩织29行，呈扇形。

2. 钩织花边

在前端、下摆处钩织花边。

3. 钩织衣领（20、21按照同样的要领挑针）

从斗篷钩织起点的锁针开始挑针，第1行织入67针长针。从第2行开始参照P55的编织图，**20**织入加减针，**21**织入加针的同时钩织5行长针。衣领的花边处织入1行短针，调整形状。

4. 制作纽扣、纽扣圈

纽扣部用短针钩织4行，塞入填充棉后收紧。纽扣圈按照图示方法钩织形成线圈状，顶端的1针处缝合。

5. 完成

纽扣和纽扣圈缝到前端的指定位置，完成。

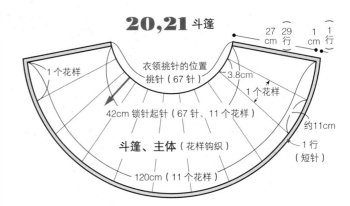

20,21 斗篷

27cm 29行　1cm 1行

衣领挑针的位置 挑针（67针）

1个花样

3.8cm

1个花样

42cm 锁针起针（67针、11个花样）

约11cm

斗篷、主体（花样钩织）

1行（短针）

120cm（11个花样）

=20,21均为藏蓝色

=20 紫色
21 藏蓝色

※**10,11**斗篷的主体、下摆周围花边的
钩织方法共通（参照P45）。

○ = 拼接纽扣圈的位置

衣领的挑针位置

挑针（67针）

① 花边B的
钩织起点

钩织起点
锁针起针（67针）

● = 缝纽扣的位置

※ 衣领的钩织方
法参照P55。

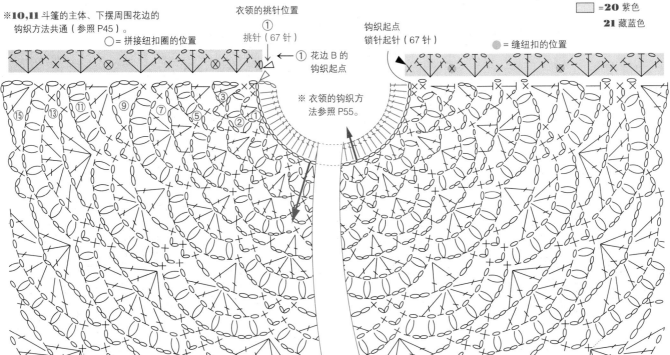

⑮ ⑬ ⑪ ⑨ ⑦ ⑤ ③ ①

❋ 圆球的收紧方法　◆ 此处以作品**19**的纽扣为例进行解说

1 钩织至第9行，在中央塞入填充棉。

2 钩织第10行，钩织终点处的线头穿入缝衣针中，将最终行针脚外侧的半针慢慢挑起。

3 穿好线后收紧。

4 收紧的线头藏到圆球中，处理好。

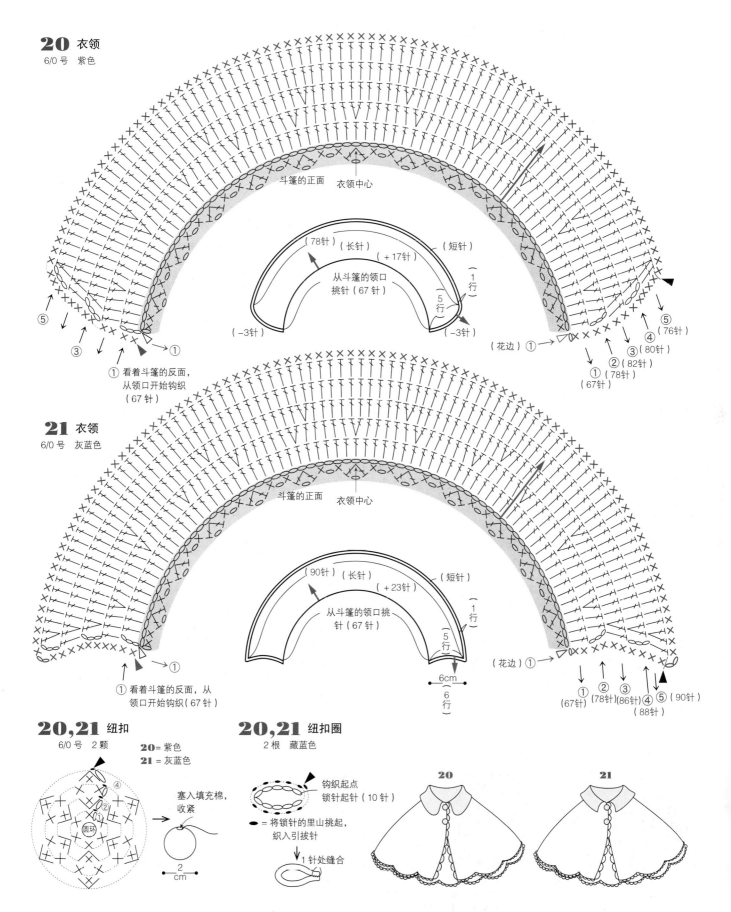

20 衣领
6/0 号 紫色

斗篷的正面　衣领中心

(78针)(长针)　(短针)
(+17针)
从斗篷的领口
挑针(67针)
(−3针)　　　(−3针)

1行
5行

(花边)①→

⑤(76针)
④
③(80针)
②(82针)
①(78针)
(67针)

① 看着斗篷的反面，
从领口开始钩织
(67针)

⑤
③

① 看着斗篷的反面，从
领口开始钩织(67针)

21 衣领
6/0 号 灰蓝色

斗篷的正面　衣领中心

(90针)(长针)　(短针)
(+23针)
从斗篷的领口挑
针(67针)

1行
5行

6cm
6行

(花边)①→

①(67针)
②(78针)(86针)④⑤(90针)
③　　　(88针)

20,21 纽扣
6/0 号 2颗

20= 紫色
21= 灰蓝色

④
②
①
圆环

塞入填充棉，
收紧

2
cm

20,21 纽扣圈
2根 藏蓝色

钩织起点
锁针起针(10针)

● = 将锁针的里山挑起，
织入引拔针

1针处缝合

20

21

23,24 天使和魔鬼的背心

成品照片：P26~27　重点课程：P7

★准备材料

【编织线】DARUMA

23 Merino 普通粗线 / 白色…140g；手捻风 Tam 线 / 白色…1g；Mink Touch Fur / 白色…11m

24 Merino 普通粗线 / 黑色…220g；Café Kitchen / 黑色…16g；Mnk Touch Fur / 黑色…12m

【针】钩针 7/0 号（Merino 普通粗线、Café Kitchen）、8/0 号（手捻风 Tam 线）、10mm（Mink Touch Fur）

【其他】24 填充棉…适量

★标准织片

长针 20 针、8 行　花样钩织 A、B 20 针、10 行

★成品尺寸

23、24 胸围 68cm、衣长 35cm、肩背宽 24cm

★钩织方法

1. 钩织前后身片　前后身片织入 85 针起针，然后按照图示方法用花样 A、B 和长针钩织。

2. 缝合肩部、侧边　肩部与前后身片相接，用卷针订缝的方法缝合。侧边将前后身片正面朝外相对合拢，用锁针 3 针、引拔针 1 针的锁针订缝方法（参照 P4）缝合。

3. 钩织兜帽（24）　钩织兜帽的拼接部分，卷缝到指定的位置（参照 P7）。从兜帽的拼接部分和前后领口挑针，按照图示方法用长针钩织。

4. 钩织花边　在前身片的下摆处钩织花边 A、B。在袖口处用短针、中长针、长针钩织袖子。23 在前后领口处、24 在兜帽周围钩织花边。

5. 钩织各部件、拼接　23 的翅膀、24 的翅膀、犄角、尾巴按照图示分别用指定的编织线钩织。23 将翅膀缝到背上。24 将翅膀和尾巴缝到背上，犄角缝到兜帽上。

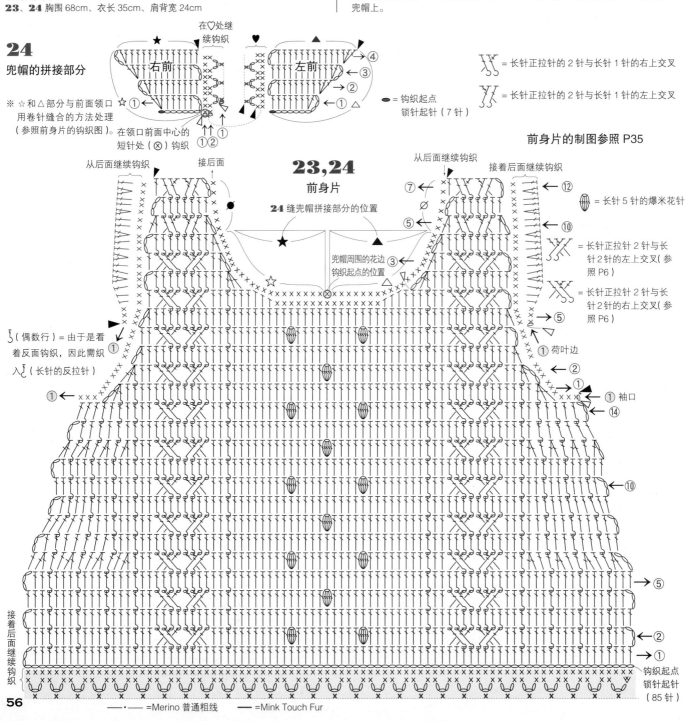

24

兜帽的拼接部分

※ ☆和△部分与前面领口用卷针缝合的方法处理（参照前身片的钩织图）。在领口前面中心的短针处（⊗）钩织

右前　左前

● = 钩织起点　锁针起针（7 针）

〔〕 = 长针正拉针的 2 针与长针 1 针的右上交叉

〔〕 = 长针正拉针的 2 针与长针 1 针的左上交叉

前身片的制图参照 P35

23,24

前身片

24 缝兜帽拼接部分的位置

24 缝兜帽拼接部分的位置

兜帽周围的花边钩织起点的位置

从后面继续钩织　接后面　从后面继续钩织　接着后面继续钩织

〰 = 长针 5 针的爆米花花针

〔〕 = 长针正拉针 2 针与长针 2 针的左上交叉（参照 P6）

〔〕 = 长针正拉针 2 针与长针 2 针的右上交叉（参照 P6）

① 荷叶边

① 袖口

〔（偶数行）= 由于是看着反面钩织，因此需织入〔（长针的反拉针）

接着后面继续钩织

56
— · — =Merino 普通粗线　—— =Mink Touch Fur

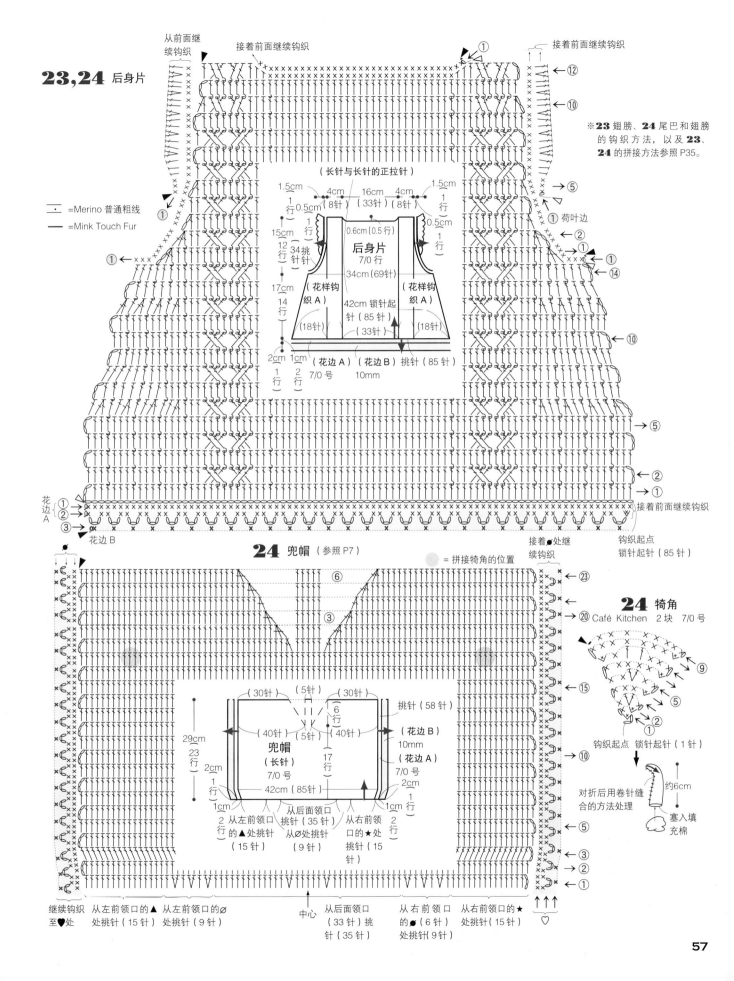

23,24 后身片

=Merino 普通粗线

=Mink Touch Fur

从前面继续钩织

接着前面继续钩织

※**23** 翅膀、**24** 尾巴和翅膀的钩织方法，以及 **23**、**24** 的拼接方法参照 P35。

接着前面继续钩织

荷叶边

（长针与长针的正拉针）

1.5cm 4cm 16cm 4cm 1.5cm
1行 0.5cm （8针）（33针）（8针）1行

15cm 0.6cm（0.5行）

12行 34挑针

后身片
7/0 行
34cm（69针）

17cm （花样钩织 A）42cm 锁针起针（85针）（花样钩织 A）
14行 （18针）（33针）（18针）

2cm 1cm （花边 A）（花边 B）挑针（85针）
1行 2行 7/0 号 10mm

花边 A ①②③

花边 B

接着前面继续钩织

24 兜帽（参照 P7）

接着●处继续钩织

钩织起点
锁针起针（85针）

=拼接犄角的位置

24 犄角
Café Kitchen 2 块 7/0 号

（30针）（5针）（30针）

挑针（58针）

（40针）（6行）（40针）（花边 B）
（5针）10mm
（花边 A）

29cm 兜帽 17行 7/0 号
23行 （长针）
7/0 号

2cm 42cm（85针）2cm
1行 1行

1cm 1cm

2行 从左前领口的▲处挑针（15针）从后面领口挑针（35针）从右前领口的★处挑针（15针）

钩织起点 锁针起针（1针）

对折后用卷针缝合的方法处理

约6cm

塞入填充棉

继续钩织至♥处

从左前领口的▲处挑针（15针）

从左前领口的∅处挑针（9针）

中心

从后面领口（33针）挑针（35针）

从右前领口的●（6针）处挑针（9针）

从右前领口的★处挑针（15针）

57

25,26 兔子和小熊的背心

成品照片：P28~29　重点课程：P31

✳准备材料

【编织线】DARUMA

25 Big Ball Mist / 白色…22g；接近真毛的 Merino Wool / 白色…12g，浅茶色…5g；手捻风 Tam 编织线 / 白色…28g

26 Big Ball Mist / 茶色…220g；接近真毛的 Merino Wool / 茶色…10g，浅茶色…4g；手捻风 Tam 编织线 / 茶色…28g

【针】钩针 10/0 号（Big Ball Mist）、7/0 号（接近真毛的 Merino Wool）、6/0 号（手捻风 Tam 编织线、接近真毛的 Merino Wool）

【其他】填充棉…适量

✳标准织片

花样钩织 9 针、6.5 行

✳成品尺寸

胸围 76cm、衣长 35cm、肩背宽 30cm

✳钩织方法

1. 钩织前后身片

前后身片织入 48 针锁针起针，用花样进行钩织。钩织完侧边的 12 行后，分成后身片、左右前身片 3 个部分，按照图示方法在袖口减针，同时钩织至肩部。

2. 缝合肩部

肩部与前后身片相接，用卷针订缝的方法缝合（参照 P4）。

3. 钩织兜帽

从前后领口挑针，用花样钩织的方法织入 19 行，按照图示方法在第 1~4 行的 2 个位置进行加针，同时继续钩织。第 17~19 行在后面中央减针，同时继续钩织。最后将剩余的 14 针对折，正面朝外用卷针订缝的方法处理。

4. 钩织花边、完成

在前后身片的下摆、前襟、兜帽的脸部周围、袖口处分别织入 2 行短针进行调整。

25、26 均是按照图示方法钩织耳朵、纽扣、纽扣圈、尾巴（圆球），缝到指定的位置，完成。

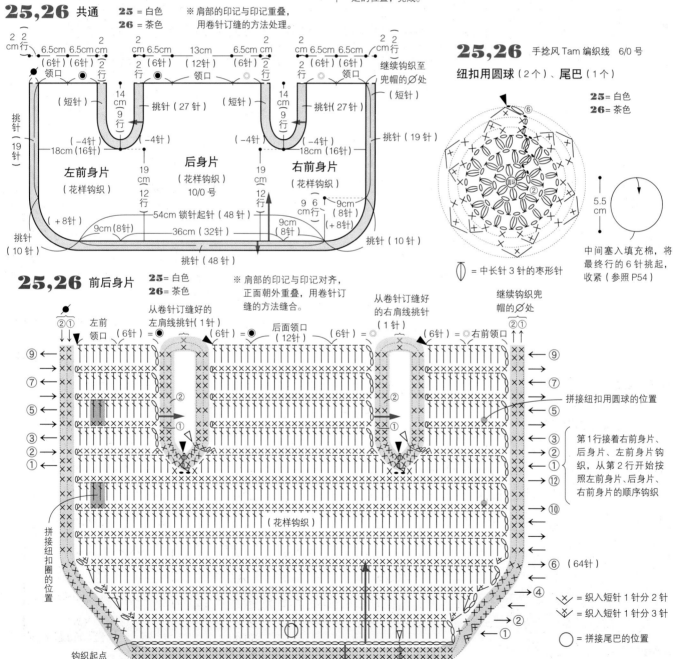

25,26 共通　25 = 白色　26 = 茶色　※肩部的印记与印记重叠，用卷针订缝的方法处理。

25,26 手捻风 Tam 编织线　6/0 号　纽扣用圆球（2 个）、尾巴（1 个）　25= 白色　26= 茶色

◗ = 中长针 3 针的枣形针

中间塞入填充棉，将最终行的 6 针挑针，收紧（参照 P54）

25,26 前后身片　25= 白色　26= 茶色　※肩部的印记与印记对齐，正面朝外重叠，用卷针订缝的方法缝合。

拼接纽扣用圆球的位置

第 1 行接着右前身片、后身片、左前身片钩织，从第 2 行开始按照左前身片、后身片、右前身片的顺序钩织

⋎ = 织入短针 1 针分 2 针

⋎ = 织入短针 1 针分 3 针

◯ = 拼接尾巴的位置

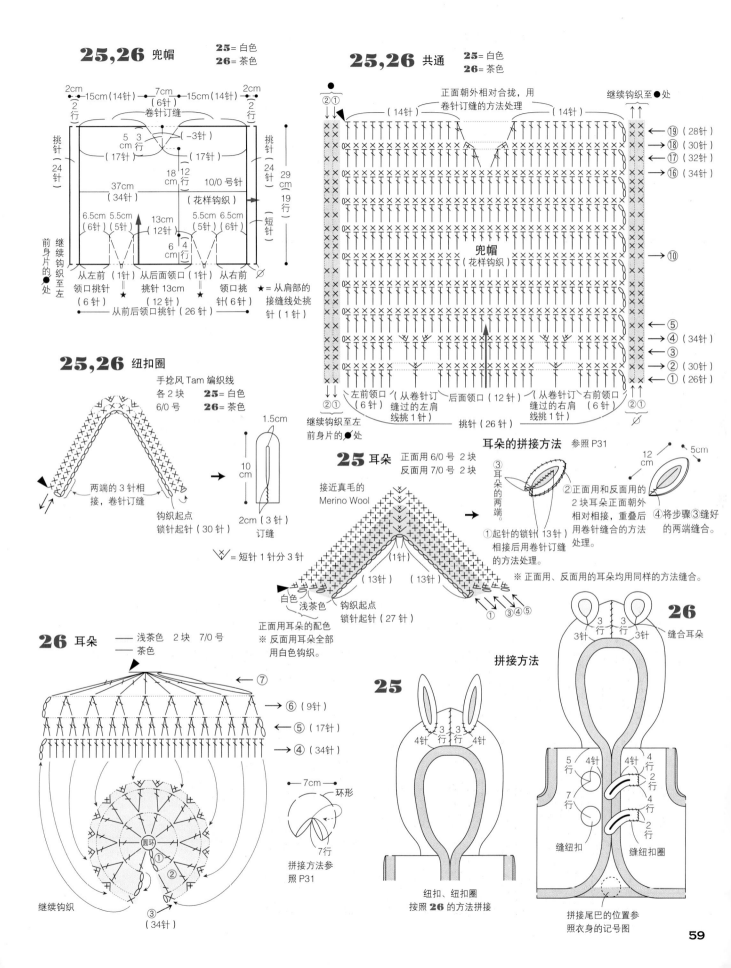

25,26 兜帽　25=白色　26=茶色

25,26 共通　25=白色　26=茶色

正面朝外相对合拢，用卷针订缝的方法处理

继续钩织至●处

兜帽（花样钩织）

25,26 纽扣圈

手捻风 Tam 编织线
各2块　25=白色　26=茶色
6/0 号

两端的3针相接，卷针订缝

钩织起点
锁针起针（30针）

订缝

$\vee$ = 短针1针分3针

1.5cm
10cm
2cm（3针）

25 耳朵

正面用6/0号　2块
反面用7/0号　2块

接近真毛的 Merino Wool

白色　浅茶色

钩织起点
锁针起针（27针）

正面用耳朵的配色
※ 反面用耳朵全部用白色钩织。

耳朵的拼接方法　参照P31

③耳朵的两端
②正面用和反面用的2块耳朵正面朝外相对相接，重叠后用卷针缝合的方法处理。
①起针的锁针（13针）相接后用卷针订缝的方法处理。
④将步骤③缝好的两端缝合。

※ 正面用、反面用的耳朵均用同样的方法缝合。

12cm　5cm

26 耳朵

浅茶色　2块　7/0号
茶色

圆环

7cm
环形
7行

拼接方法参照P31

继续钩织

拼接方法

25

纽扣、纽扣圈
按照 **26** 的方法拼接

26

缝合耳朵

缝纽扣　缝纽扣圈

拼接尾巴的位置参照衣身的记号图

钩针钩织的基础

记号图的看法

本书所示的记号图根据日本工业标准（JIS）规定，所有的记号图表示的都是编织物表面的状况。
钩针钩织没有正面和反面的区别（拉针除外）。交替看正反面进行平针编织时也用相同的记号表示。

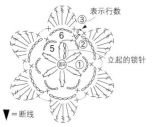

从中心开始钩织圆环时

在中心编织圆环（或是锁针），像画圆一样逐行钩织。在每行的起针处钩织立起的锁针。通常情况下都面对编织物的正面，从右到左看记号图钩织。

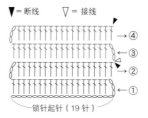

平针钩针时

特点是左右两边都有立起的锁针，当右侧出现立起的锁针时，将织片的正面置于内侧，从右到左参照记号图钩织。当左侧出现立起的锁针时，将织片的反面置于内侧，从左到右看记号图钩织。图中所示的是在第3行更换配色线的记号图。

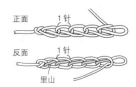

锁针的看法

锁针有正反之分。反面中央的一根线称为锁针的"里山"。

编织线和针的拿法

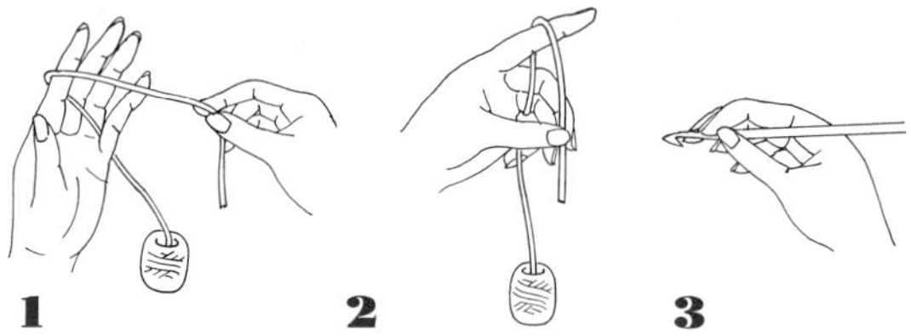

1
将线从左手的小指和无名指间穿过，绕过食指，线头拉到内侧。

2
用拇指和中指捏住线头，食指挑起，将线拉紧。

3
用拇指和食指握住针，中指轻放到针头。

最初起针的方法

1
针从线的外侧插入，调转针头。

2
然后在针尖挂线。

3
钩针从圆环中穿过，再在内侧引拔穿出线圈。

4
拉动线头，收紧针脚，完成最初的起针（这针并不算第1针）。

起针

从中心开始钩织圆环
（用线头制作圆环）

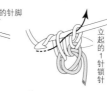

1
线在左手食指上绕两圈，形成圆环。

2
抽出手指，钩针插入圆环中，按箭头所示把线钩到前面。

3
接着在针上挂线，引拔抽出，钩织1针立起的锁针。

4
钩织第1行时，将钩针插入圆环中，织入必要数目的短针。

5
钩织完必要的针数后取出钩针，拉动最初圆环的线和线头，收紧线圈。

6
钩织钩织第1行末尾时，钩针插入最初短针的头针中，挂线后引拔钩织。

从中心开始钩织圆环
（用锁针制作圆环）

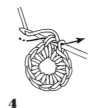

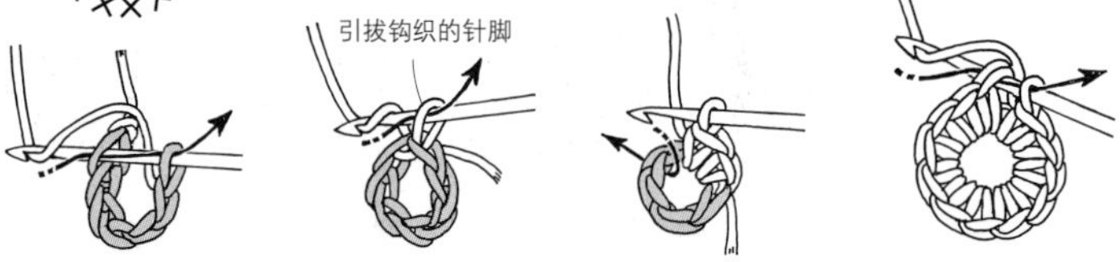

1
织入必要针数的锁针，然后把钩针插入第1针锁针的半针中，挂线后引拔钩织。

2
针尖挂线后引拔抽出线。此即1针立起的锁针。

3
钩织第1行时，将钩针插入圆环中，按照箭头所示将锁针成束挑起，再织入必要针数的短针。

4
第1行的钩织终点处，将钩针插入最初短针的头针中，挂线后引拔钩织。

平针钩织时

1
织入必要针数的锁针和立起的锁针，钩针插入顶端数起的第2锁针中，挂线后引拔抽出。

2
针尖挂线后再按箭头所示引拔抽出线。

3
第1行钩织完成后如图（立起的1针锁针不算1针）。

将上一行针脚挑起的方法

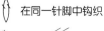

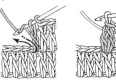 在同一针脚中钩织

 将锁针成束挑起钩织

1　**2**　**1**　**2**

即便是同样的枣形针，根据不同的记号图挑针的方法也不相同。记号图的下方封闭时表示在上一行的同一针中钩织，记号图的下方开合时表示将上一行的锁针成束挑起钩织。

针法符号

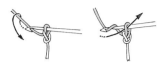 锁针

1 钩织最初的针脚，针上挂线。

2 按照箭头所示，引拔抽出挂在针上的线。

3 按照**1**、**2**的方法重复。

4 钩织完5针锁针。

 引拔针

1 钩针插入上一行的针脚中。

2 针尖挂线。

3 一次性引拔抽出线。

4 完成1针引拔针。

× 短针

引拔抽出的针脚

1 钩针插入上一行的针脚中。

2 针尖挂线，从内侧引拔穿过线圈。

3 再次在针尖挂线，一次性引拔穿过2个线圈。

4 完成1针短针。

⊤ 中长针

1 针尖挂线后，将钩针插入上一行的针脚中。

2 再次在针尖挂线，从内侧引拔穿出（引拔钩织完的状态称为未完成的中长针）。

3 针尖挂线，一次性引拔穿过3个线圈。

4 完成1针中长针。

⊤ 长针

引拔抽出的针脚

1 针尖挂线后，将钩针插入上一行的针脚中。然后再次挂线，从内侧引拔穿过线圈。

2 按照箭头所示，在针尖挂线，引拔穿过2个线圈（引拔钩织完的状态称为未完成的长针）。

3 再次在针尖挂线，引拔穿过剩下的2个线圈。

4 完成1针长针。

⊥ 长长针　⊥ 三卷长针

※括号内为三卷长针的钩织次数。

   引拔钩织的针脚 引拔钩织的针脚

1 线在针尖缠2圈（3圈）后，将钩针插入上一行的针脚中，然后挂线，从内侧引拔穿过线圈。

2 按照箭头所示方向，引拔穿过2个线圈。

3 同样的动作重复2次（3次）。

4 完成1针长长针。

长针3针的枣形针　长长针3针的枣形针

※括号内表示长长针3针枣形针的钩织方法。

1 针尖挂1次线（2次），在上一行的针脚中织入1针未完成的长针（未完成的长长针）。

2 再按照**1**的方法，将钩针插入同一针脚中，织入2针未完成的长针（长长针）。

3 针尖挂线，一次性引拔穿过针上的4个线圈。

4 长针（长长针）3针的枣形针钩织完成。

短针2针并1针　　 短针3针并1针　　※括号内表示3针并1针的钩织方法。　　　　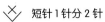 短针1针分2针　　 短针1针分3针

1
按照箭头所示，将钩针插入上一行的针脚中，引拔抽出线。

2
之后的针脚也按照**1**的方法抽出线（钩织3针并1针时再次从下面的针脚中引拔抽出线）。

3
针尖挂线，引拔穿过3（4）个线圈。

4
短针2针并1针完成，呈比上一行少1（2）针的状态。

1
在上一行的针脚中钩织1针短针。

2
钩针插入同一针脚中，从内侧引拔抽出线圈，织入短针。

3
织入2针短针后如图。钩织1针分3针时，在同一针脚中再织入1针短针。

4
上一行的一个针脚中织入了3针短针，呈比上一行多2针的状态。

 长针2针并1针　　　　　　　　　　　　　　 长针1针分2针

1
在上一行的针脚中钩织未完成的长针（参照P61），然后按照箭头所示，将钩针插入下一针脚中，引拔抽出线。

2
针尖挂线，引拔穿过2个线圈，钩织第2针未完成的长针。

3
再次在针尖挂线，一次性引拔穿过3个线圈。

4
长针2针并1针完成，呈比上一行少1针的状态。

1
在钩织过1针长针的同一针脚中再钩织1针长针。

2
针尖挂线，引拔穿过2个线圈。

3
再次在针尖挂线，一次性引拔穿过剩余的2个线圈。

4
在上一行的1个针脚中织入2针长针后如图，呈比上一行加1针的状态。

 中长针3针的变化枣形针　　※中长针5针的变化枣形针，在**1**中织入5针未完成的中长针，然后按照**2~4**的方法继续钩织。　　　 锁针3针的引拔小链针

中长针3针　　　　引拔针脚

1
针上挂线，将钩针插入上一行的针脚中，织入3针未完成的中长针。

2
再在针尖挂线，按照箭头所示引拔穿过6个线圈。

3
然后在针尖挂线，一次性引拔穿过剩余的线圈。

4
中长针3针的变化枣形针钩织完成。

3针

1
织入3针锁针。

2
钩针插入短针的头针半针和尾针的1根线中。

3
针尖挂线，一次性引拔穿过线圈。

4
锁针3针的引拔小链针钩织完成。

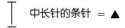 短针的条针

※每行都朝同一方向钩织短针的条针。

- 引拔针的条针　= ●
- 中长针的条针　= ▲
- 长针的条针　= ■

 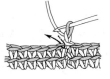  

1
看着上一行的正面钩织。用短针钩织一圈，在最初的针脚中引拔钩织。

2
钩织1针立起的锁针（●＝不用钩织立起的锁针，▲＝2针、■＝3针），将上一行的外侧半针挑起，织入短针（●＝引拔针、▲＝中长针、■＝长针）。

3
按照**2**的要领重复，继续钩织短针（●＝引拔针、▲＝中长针、■＝长针）。

4
上一行的内侧半针形成条状。钩织完短针条针的第3行后如图。

短针的正拉针

1 按照箭头所示，钩针从正面插入上一行短针的尾针中。

2 针尖挂线后将线拉长，比短针更长一些。

3 再次在针尖挂线，一次性引拔穿过2个线圈。

4 完成1针短针的正拉针。

短针的反拉针

1 按照箭头所示，钩针从反面插入上一行短针的尾针中。

2 针尖挂线后，按照箭头所示，从织片的外侧引拔抽出线，将线拉长，比短针更长一些。

3 编织线比短针稍长一些，引拔抽出线后再次在针上挂线，一次性引拔穿过2个线圈。

4 完成1针短针的反拉针。

长针的正拉针

引拔抽出的针脚

1 在针尖挂线，按照箭头所示，将钩针插入上一行长针的尾针中，成束挑起。

2 再在针上挂线，拉长线，引拔抽出。

3 再次在针尖挂线，每次引拔穿过2个线圈。同一动作再重复1次。

4 完成1针长针的正拉针。

长针的反拉针

引拔抽出的针脚

1 针尖挂线后，按照箭头所示从反面将钩针插入上一行长针的尾针中，成束挑起。

2 针尖挂线后按照箭头所示，将线拉长，从织片的外侧抽出线。

3 针上挂线后引拔抽出线。再次挂线，引拔穿过2个线圈。

4 完成1针长针的反拉针。

长针5针的爆米花针

1 在上一行的同一针脚中织入5长针，然后按照箭头所示取出钩针，再将钩针插入第1行长针的头针和刚取出的针脚中。

2 将1挂线的针脚直接从内侧引拔抽出。

引拔抽出的针脚

3 再次在针上挂线，按照箭头所示一次性引拔抽出线。

4 长针5针的爆米花针钩织完成。

其他基础索引

TITLE：［かぎ針で編む 子供が喜ぶ なりきり！へんしんニット］

BY：［E&G CREATES CO., LTD.］

Copyright © E&G CREATES CO., LTD., 2016

Original Japanese language edition published by E&G CREATES CO., LTD.

All rights reserved. No part of this book may be reproduced in any form without the written permission of the publisher.

Chinese translation rights arranged with E&G CREATES CO., LTD.

Tokyo through NIPPAN IPS Co., Ltd.

本书由日本株式会社美创出版授权北京书中缘图书有限公司出品并由煤炭工业出版社在中国范围内独家出版本书中文简体字版本。

著作权合同登记号：01-2018-5110

图书在版编目（CIP）数据

钩织童话主题小毛衣 / 日本美创出版编著；何凝一
译. --北京：煤炭工业出版社，2018
ISBN 978-7-5020-6849-3

Ⅰ.①钩… Ⅱ.①日… ②何… Ⅲ.①童服 – 毛衣 –
编织 – 图集 Ⅳ.①TS941.763.1 – 64

中国版本图书馆CIP数据核字(2018)第197329号

钩织童话主题小毛衣

编　　著	日本美创出版		译　者	何凝一
策划制作	北京书锦缘咨询有限公司（www.booklink.com.cn）			
总 策 划	陈　庆		策　划	滕　明
责任编辑	马明仁		编　辑	郭浩亮
设计制作	王　青			

出版发行　煤炭工业出版社（北京市朝阳区芍药居 35 号　100029）
电　　话　010-84657898（总编室）　010-84657880（读者服务部）
网　　址　www.cciph.com.cn
印　　刷　天津市蓟县宏图印务有限公司
经　　销　全国新华书店
开　　本　889mm×1194mm$^1/_{16}$　印张　4　字数　50　千字
版　　次　2018 年 9 月第 1 版　2018 年 9 月第 1 次印刷
社内编号　20181123　　　　　　　定价　39.80 元